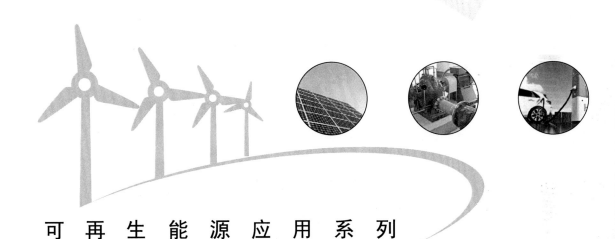

可再生能源应用系列

分布式能源发电系统

车孝轩　著

WUHAN UNIVERSITY PRESS
武汉大学出版社

图书在版编目(CIP)数据

分布式能源发电系统/车孝轩编著.—武汉:武汉大学出版社,2024.7
可再生能源发电系列
ISBN 978-7-307-22545-9

Ⅰ.分…　Ⅱ.车…　Ⅲ.再生能源—发电—研究　Ⅳ.TM619

中国版本图书馆 CIP 数据核字(2021)第 166687 号

责任编辑:谢文涛　　　责任校对:汪欣怡　　　版式设计:马　佳

出版发行:**武汉大学出版社**　(430072　武昌　珞珈山)
　　　　(电子邮箱:cbs22@whu.edu.cn 网址:www.wdp.com.cn)
印刷:武汉邮科印务有限公司
开本:787×1092　1/16　印张:16　字数:376 千字　　插页:1
版次:2024 年 7 月第 1 版　　2024 年 7 月第 1 次印刷
ISBN 978-7-307-22545-9　　定价:39.00 元

2023.4

推　薦　状

東京理科大学名誉教授

元日本太陽エネルギー学会会長

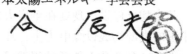

　我々は、科学・技術の進展によって、豊かな生活を享受することになったが、経済性や効率を重視するあまり、地球環境問題、エネルギー問題という大きな課題に直面しております。日本において、東日本大震災の後、現在原子力発電所が数か所を除いてストップしている状態です。この代わりに、火力発電所を再稼働し、電力を賄っているのが現状です。

　中国の電源構成は石炭発電が中心となっており、環境汚染が大きな問題です。「中国再生可能エネルギー十三五計画」により、2030 年まで非化石エネルギーによる消費量は一次エネルギーの 20%に占め、2050 年までには全電力の 82%を非化石電源にするということです。

　この計画を実現するため、地球環境問題、エネルギー問題を解決するには、再生可能エネルギーの利用が不可欠です。また人々の環境、エネルギーに対する関心や意識を高める必要があります。特に若手技術者の育成は最重要課題の一つです。

　本シリーズでは、これらの要求に応えるため執筆され、太陽光発電システム、再生可能エネルギー発電システム、および分散型発電システムの 3 部から構成され、最新技術や応用事例を多く取り入れ、発電システム構成や特長が明瞭に記され、内容を平易に書くことに心がけており、高校生以上の読者に十分読みこなすことができるように配慮しています。学生の環境・エネルギーの教材として、また技術者・研究者の文献、参考書として十分活用できると思います。

　本シリーズは必ずや人々の環境、エネルギー問題に対する意識向上や技術者に大いに貢献すると確信し、推薦致します。

推 荐 信

由于科学技术的进步，我们正享受着富裕的生活，但因人们过于重视经济性和效率，所以正面临地球环境问题、能源问题等重大课题。东日本大地震后，除了几座核电站在发电外，其余均已停发，现处在重启火力发电以满足电力需要的状态。

中国的电源构成以煤电为主，环境污染是一大问题。根据"中国可再生能源十三五规划"，到 2030 年非化石能源的消费量将占一次能源的 20%，到 2050 年非化石电源将占总电源的 82%。

为了实现上述规划，解决地球环境问题、能源问题，因此必须利用可再生能源。此外，提高人们对环境、能源的关心和意识也非常必要，特别是培养年轻科技工作者也是最重要的课题之一。

为了满足上述的需要，著者特编著了这套丛书，该丛书由《太阳能光伏发电系统》、《可再生能源发电系统》以及《分布能源发电系统》3 册构成。在编著过程中，著者力求介绍最新技术和应用事例，简明介绍发电系统的构成、特点等，内容通俗易懂以满足高中以上读者的需要。本丛书可作为学生的教材、技术工作者以及研究人员的文献、参考书使用。

本丛书将会对提高人们的环境和能源问题的意识、技术者有所贡献，特为读者推荐此书。

东京理科大学名誉教授
原日本太阳能学会会长
谷辰夫
2023 年 4 月

前　言

传统的电力系统由发电、输电以及配电系统垂直构成，是一种大规模集中式供电系统。这种供电系统可能会由于事故、台风、地震等诸多因素造成大规模停电，存在供电安全问题。大规模集中式供电系统采用大型火力发电等发电方式，需要使用大量的化石能源，如煤炭、石油以及天然气等，由于化石燃料资源是有限的，因此存在能源短缺的问题。大量使用化石燃料发电，还会造成大气污染、温室效应、气候异常等，存在破坏环境的问题。

为了解决上述问题，有必要寻求其他形式的发电方式和供电系统。太阳能光伏发电系统等分布式发电系统性能高、规模小、靠近用户、无输电损失、不会出现大规模停电。可再生能源日日再生、资源丰富，不存在能源短缺问题。可再生能源是清洁能源，发电时几乎不排出温室气体，不会对环境造成破坏。尽管太阳能光伏发电、风力发电等分布式发电系统易受气候、天气等的影响，存在发电输出功率不稳定、产生多余电能等问题，可能导致系统电压不稳定、频率波动等，但可使用储能系统、虚拟电厂以及微电网、智能电网等供电系统予以解决。因此利用可再生能源发电的分布式发电系统可以很好地解决上述问题，达到电力系统最优运行、供需平衡、节能、降低成本、环保等目的。

分布式发电系统是将可再生能源发电（如太阳能光伏发电、风力发电等）和化石能源发电（如柴油机发电、汽油机发电、燃气轮机发电等）这些分散的变动电源与蓄电池、燃料电池等稳定电源进行组合、控制，直接面向用户或特定的区域，按用户的需要就地生产、就地供电供热的中小型能源转换利用系统。

分布式发电系统可分为家用、工商业用等系统，应用领域非常广，可在家庭、楼宇、商业设施以及工厂等地使用。由于燃料电池等分布式发电系统在发电的同时排出热能，因此，可利用其排热为用户提供蒸汽、热水等，也可与其他发电方式组合构成联合发电系统，实现热电联产，具有显著的节能和环保效果。我国正在大力推广分布式发电系统的应用与普及，在发电总装机容量中的比重正在不断提高，为了有效解决能源短缺、环境破坏以及经济发展等人类共同面临的问题，可以预见分布式发电系统将会得到越来越广泛的应用与普及。

为了提高人们对分布式发电、环保等的意识、推动分布式发电的应用和普及、满足广大读者和科技人员的需要，特编写了《分布式发电系统》一书，本书主要介绍了分布式发电的背景、系统构成、发电原理、特点、发电利用方法、国内外的最新技术、科研成果以及应用实例等。

本书内容包括柴油机、汽油机、燃气轮机、汽轮机、地热、风力、小型水力、海洋能、光伏、生物质能、氢能等诸多发电方式以及热电联产系统、储能系统、虚拟电厂、微电网、智能电网等。叙述了分布式发电的基础理论和各种发电设备，其中基础理论包括水力学、热力学、电学、光伏发电、燃料电池等；发电设备包括利用热能的发电设备（如柴油机、汽油机、燃气轮机、汽轮机以及太阳能热发电等）、利用水力、风力以及海洋能的发电设备（如水轮机、风机等）、利用太阳光能的发电设备（如太阳能光伏发电）以及利用氢能的发电设备（如燃料电池）等。此外还介绍了发电机、励磁装置、并网逆变器以及并网技术等。由于分布式发电系统中会涉及可再生能源发电的内容，因此本书也简要地叙述了可再生能源发电的内容，详细内容可参考可再生能源应用系列之一的《可再生能源发电系统》一书。

在本书的编写过程中力求遵循简明、易读、实用的原则，尽量满足读者的需要。本书可作为大专院校学生的教材、科技工作者的参考书，也可供一般读者使用。希望本书能为解决人类所面临的能源、经济以及环境等问题尽微薄之力。

本书是可再生能源应用系列之一，很荣幸得到了原日本太阳能学会会长，原东京理科大学教授、现名誉教授谷辰夫先生的推荐，在本书编写过程中，陈惠老师参与了校对工作，本书的出版得到了武汉大学出版社谢文涛编辑等的大力支持，在此深表谢意。

车孝轩

2023 年 11 月

目　　录

第1章 分布式发电总论

传统的大规模集中型供电模式以大型集中的火力发电、核能发电等为主，主要追求规模效益，存在诸如事故等停电、系统不稳定、远离负荷中心、长距离输电损失以及发电用燃料短缺等问题，需要解决安全性、稳定性、经济性等课题。分布式发电系统设置在负荷近旁、电源分散、使用可再生能源等、可实现热电联产、节能，弥补传统大规模集中型电力供电模式存在的不足，将来可与之共存，或作为替代电源。

现在的供电方式一般为单向供电，根据负荷的需要，由大型火力发电、核能发电等集中型电源为负载供电，将来可在集中型电源的基础上加上分布式电源供电，实现双向、互补、协调等供电方式。

分布式发电系统(distributed power generation system，DPGS)是将可再生能源发电系统(如太阳能光伏发电系统、风力发电系统等)等分散的变动电源和化石能源发电系统(如柴油机发电系统、汽油机发电系统等)、蓄电池、燃料电池等稳定电源进行组合、控制，直接面向用户或特定区域，按用户的需要就地生产，就地供电供热的中小型、分散的能源转换利用系统。

分布式发电具有性能高、污染小、耗损小、规模小、可就地自发自用、综合效率高等特点，目前正在得到越来越广泛的应用和普及，将作为大型火电、大型核电等集中型发电的重要补充电源并与其共存，未来将成为主流电源。分布式发电系统可作为单独的发电站发电、也可与其他发电系统、供热系统、储能系统、控制系统以及用户等构成微电网、智能电网等，形成新的供电系统。

本章主要介绍分布式发电的背景、能源的种类及应用、能源的转换方式、发电设备、发电特点、发电系统、并网问题与对策以及展望等。

1.1 分布式发电的背景

分布式发电的应用和普及与众多因素有关，主要有如下六大因素，即大规模集中型电源的问题、环保问题、节能问题、可再生能源发电的大量普及、技术进步与降低成本以及分布式发电的优点，如果这些因素解决得好，可促进分布式发电的健康发展。

1. 大规模集中型电源问题

火力发电、水力发电、核能发电等传统的大规模集中型电源存在一些不足之处，发生事故时可能会导致电网大规模停电，具有较大的脆弱性。发电站一般建在远离负荷中心的地方，存在发电用能源保障、供电可靠性、调峰、输电损失、投资大、事故停电造成不良影响等问题。

2. 环保问题

由于传统的大规模集中型电源，如火力发电会排出大量二氧化碳(CO_2)等温室气体，产生温室效应，使环境污染、气候变化等问题日益严重，因此要求实现低碳社会的呼声越来越高。而分布式发电可使用太阳能、风能等清洁能源，可大大降低温室气体、有害气体的排放总量，减轻环保压力，有利于改善环境。

3. 节能问题

传统的大规模集中型供电模式以大型集中的火力发电、核能发电等为主，主要追求规模效益，能源综合利用率并不高，如火力发电效率约为40%。分布式发电分为家用、工商业用等，可在家庭、商业设施以及工厂等地应用。由于燃料电池等分布式发电系统在发电的同时排热，因此可利用其排热为家庭、商业设施以及工厂等提供蒸汽、热水等，也可与其他发电系统构成联合发电系统，实现热电联产，可提高能源利用效率，具有显著的节能和环保效果。另外，由于分布式电源不需要长距离输电线路，可减少或缓建大型发电厂和高压输电网，节约投资、减少网损。

4. 可再生能源发电大量普及

随着太阳能光伏发电、风力发电等可再生能源发电的大量应用与普及，使电力系统的电压、频率等电能品质难以保证。为了解决这些问题，将可再生能源发电与多种能源发电组合进行发电，分散电力、能源供给的风险、利用热电联产等提高综合利用效率、减少二氧化碳排放量等显得非常必要。

由于太阳能光伏发电、风力发电等可再生能源发电的出力(又称输出功率)不稳定，一般需要使用可储存电能的蓄电设备等，因此成本较高。为了解决这些问题，将来需要结合区域的特点、能源供给等，将分布式电源与燃料电池、蓄电池等进行组合利用，设置更加灵活、具有智能的电网，如微电网、智能电网等。

分布式发电系统存在出力变动、产生多余电能等问题。对于出力变动问题，由于可使用IT(信息技术)等先进技术对自有发电设备进行直接控制，可使用储能系统进行调整，各种分布式发电系统可与电网进行联网，因此出力变动问题可比较容易地得到解决；而对于多余电能问题，可利用虚拟电厂，采用先进的控制技术、网络技术等对分布在各地的太阳能光伏发电系统、风力发电系统等分布式发电系统进行集中控制和管理，此外还可设置微电网等解决多余电能、供需平衡等问题。

5. 技术进步与降低成本

由于技术进步使分布式发电的成本在不断降低，提高了小型燃气轮机、热电联产、风力发电、燃料电池等的价格竞争力，因此可避免大规模集中型发电系统的投资风险。另外随着自有发电的价格竞争力的提高、电力市场更加开放、新的发电企业进入发电行业等，可进一步促使分布式发电的成本降低。

6. 分布式发电的优点

分布式电源是指靠近负载、分布设置的小规模发电系统，是一种利用清洁、可再生的能源(如太阳能、风能、水能、地热能、生物质能、潮汐能等)或化石燃料(如石油、煤炭、天然气等)进行供能和发电的技术。根据发电设备的不同，分布式发电系统既可利用可再生能源发电，也可利用化石能源发电。基于可再生能源的分布式发电方式主要有太阳能发电(含光能和热能)、风力发电、小水力发电、生物质能(含废弃物)发电、地热发电、潮汐发电、波浪发电等；基于化石能源的分布式发电方式主要有柴油机发电、汽油机发电、汽轮机发电、微型燃气轮机发电、微型燃气发动机发电以及氢气轮机发电(利用可再生能源制氢的情况除外)等；而燃料电池既可利用化石能源发电也可利用可再生能源发电。

分布式发电可作为单独的发电系统发电，也可与其他发电设备、储能系统、信息通信系统、控制系统以及用户等构成虚拟电厂、微电网、智能电网等，除此之外还可在住宅小区、城镇等地使用。

与传统的大规模集中型发电系统相比，分布式发电系统的优点如下。

(1)当大电网出现大规模停电事故时，分布式发电系统仍能保持正常运行，可提高供电的安全性和可靠性；

(2)可实现就地自发自用，减轻电网的供电负荷，提高供电质量；

(3)在夏季和冬季的负荷高峰时，可对电网起削峰填谷作用；

(4)可有效利用废热，提高能源综合利用效率；

(5)可安装在负载近旁，不需长距离输电，减少输电损失；

(6)可有效利用可再生能源、未利用的能源，减少一次能源的使用量；

(7)可降低发电成本，减少二氧化碳等的排放；

(8)分布式发电系统装机容量较小，建设周期短，可避免大型发电站建设周期长带来的投资风险；

(9)设置分布式发电系统可增加区域活力，有效利用该区域的资源，发展区域的能源产业等，使区域经济得到发展；

(10)用户可直接参与区域的能源供给等事宜，使能源供给更优化。

随着可再生能源发电系统的应用与普及、科技的进步以及社会的需要等，在工厂、学校、医院等负载近旁设置小规模分布式发电系统，就地直供负载的需要正在不断增加。如今分布式电源的利用受到极大关注，与传统的大规模集中型电源相比，分布式电源有较大的优势，未来供电模式将从大规模集中型向小规模分布式转变，并将超过传统的大规模集中型电源，成为主流电源。

1.2　能源的种类及应用

1.2.1　一次能源和二次能源

能源可分为一次能源和二次能源。一次能源是指自然界存在的可直接开采利用的能

3

源；而由一次能源制成、转换的能源称为二次能源。一次能源可分为可再生能源（如太阳能、风能、水能、地热能、潮汐能、波浪能、生物质能等）和化石能源（如原煤、原油、天然气等）。目前火力发电厂主要使用煤炭、石油、天然气等一次能源发电。二次能源主要有电力、蒸汽、煤气、汽油、柴油、液化石油气、酒精、沼气、氢气等。煤炭虽然是一次能源，但可进行直接燃烧使用。

1.2.2　能源的种类

自然界的能源资源主要包括可再生能源（或称自然能源）、化石能源以及核能等。可再生能源与太阳和地球密切相关，例如热能和光能与太阳能有关，水能与太阳能和位能有关，风能与太阳能和地球自转有关，潮汐能与太阳、月球和地球的自转有关，地热能与地球内部的放射性物质的衰变有关，海洋温差能与太阳能有关，生物质能与太阳能和发酵有关等；而化石能源与太阳能的转换、蓄积有关，如煤炭、石油、天然气等；核能主要从铀矿等矿物中获取，与地球密切相关。

可再生能源是指自然界所存在的或具有的能源，主要有太阳能、风能、水能、生物质能、地热能、波浪能、潮汐能、海洋温差能等，这些能源分布在自然界、可不断再生、取之不尽、用之不竭、清洁无污染，是理想的发电能源。

太阳能是太阳中的氢原子核在超高温时发生聚变所释放的巨大能量，太阳向宇宙释放出约 $3.85×10^{23}\,kW$ 的巨大能量，太阳辐射到地球的总能量换算成电能约为 $173×10^{12}\,kW$。辐射到地球的太阳能主要被植物、空气以及水吸收。被植物吸收后可转换成生物质能用于发电，被空气吸收后可转换成风能用于风力发电、波浪发电等，被海洋等的水吸收后经蒸发、降雨、降雪可转换成水能（利用水的位能）用于水力发电等。

化石能源是指煤炭、石油、天然气等能源，是一种不可再生的能源。据有关资料统计，全球主要能源资源的可采年数分别为：煤炭 113 年，石油 53 年，天然气 55 年，铀 67 年。除此之外，中国的页岩气储量排名全球第一，达 31.6 万亿立方米，可燃冰储量也相当可观。不过这些化石能源资源是有限的，总有一天会枯竭。

1.2.3　能源的利用

在分布式发电中，能源的利用形式主要有热利用、热电联产以及可再生能源发电等。

1. 热利用

一般来说，一次能源的 60% 被用于非电力，其中大部分（约 40%）以热能的形式被利用。供热的热源主要使用电能，如空调等，可通过燃烧化石燃料供热，如燃气热水器等，另外可再生能源的热利用主要有温泉地热、太阳能热、生物质能热等高温热能，雪冰热等低温热能以及海洋热、河流水热、地下水热、海洋河流等的水下热、地中热等温差热能。

可再生能源的热利用虽然存在初期投资较大、投资回收年限较长以及人们对利用可再生能源的认识不足等问题，但将可再生能源转换成热能，既可有效利用这种热能，又可减少化石燃料的使用量，对于提高能源的安全性、减少二氧化碳的排放量、改善环境十分有利。

2. 热电联产

热电联产系统指以天然气、石油以及液化石油气(LP)等为燃料,利用发动机、汽轮机、燃气轮机以及燃料电池等发电,并回收发电时产生的排热,进行供电供热的系统。热电联产可有效利用回收的排热,可自发自用、就地发电就地消费,减少输电损失,不仅可提高能源综合效率,还可降低二氧化碳的排放量。

由于燃气轮机等可与天然气管道等直接相连,在应急情况下可迅速启动、连续运转,因此可确保供电供热。当电力系统出现需求高峰(即峰值)时,热电联产运行可为空调等供电,可减少使用电力系统的用电量,达到调峰等目的。

热电联产可部分代替电网的供电供热,因此可减少一次能源的使用量。热电联产系统有额定负荷运行、部分负荷运行等运行模式,在部分负荷运行模式时存在效率较低的问题。

3. 分布式可再生能源发电

基于可再生能源发电的分布式发电称为分布式可再生能源发电,主要有太阳能发电,如太阳能光伏发电和太阳能光热发电(又称太阳能热发电)、风力发电、水力发电、生物质能发电(含废弃物发电)、地热发电以及海洋能发电等。分布式可再生能源发电可充分利用当地已有的太阳能、风能、水能、生物质能、地热能以及海洋能等发电,为当地的用户供电供热。

分布式可再生能源发电系统可设置在负荷需要地附近,可与用户能源管理系统(HEMS)、楼宇能源管理系统(BEMS)以及区域能源管理系统(CEMS)进行联动,也可与电力中介公司(在电力公司和用户之间进行供需平衡的机构)的系统进行联动,使分布式可再生能源发电的电能得到合理使用。

1.2.4 发电方式

如前所述,分布式发电方式有分布式可再生能源发电方式和分布式化石能源发电方式两种。前者主要使用太阳能电池(又称太阳电池)、风机、水轮机等发电设备发电,利用太阳能、风能、水能、生物质能、地热能以及海洋能等可再生能源,具有清洁无污染、环保、发电用能源可再生、资源丰富等特点;而后者主要使用柴油机、汽油机、微型燃气轮机、微型燃气发动机、氢气轮机等发电设备发电,主要利用柴油、汽油以及天然气等化石能源。柴油、汽油可从煤炭等中提取,天然气则可取自地下,使用这些化石能源发电时需要燃料费用、会产生碳排放污染环境,由于化石能源是有限的,存在能源枯竭、能源供给不稳定等问题。

除此之外,还有将以上发电方式进行组合的联合分布式发电方式,例如多种分布式发电系统与蓄能系统组合而成的发电系统,利用燃气轮机发电、家用燃料电池发电等电能和排热为用户供热供电的热电联产等。

为了解决经济发展、能源短缺、环境破坏(如大气污染、温室效应、地球变暖)等问题,我国目前正在大力推进分布式发电的应用和产业发展等,可以预见在不久的将来,分布式发电方式将在我国得到大力应用与普及。

1.3　能源的转换方式

能量是指物体做功的能力，它有多种多样的形态，如热能、机械能、化学能、电能以及光能等。机械能有动能、位能（又称势能）等，化学能有物质燃烧、化学反应产生的能量等。热能与太阳能热、地热等有关，机械能与水能、潮汐能等有关，它们之间可以相互转换，如光能可通过太阳能电池转换成电能等。

1. 热能

热能是人类利用最广的能源之一，自从古人类发现火以来一直沿用至今。自然界存在的热能有地热能、海洋热能以及太阳能等，热能也可通过燃烧煤炭、石油等化石燃料产生。地热能是一种在地壳内部数十千米的岩浆积存处存在的热能。而海洋热能则由海水表面吸收太阳能产生，它处在海洋表面层，厚度约 200m，年平均温度约 25℃。如前所述，太阳能是太阳中的氢原子核在超高温时发生聚变所释放的巨大能量，太阳向宇宙释放出约 3.85×10^{23} kW 的巨大能量，这些热能可用于发电。

热能长期储存比较困难，其利用价值可用温度来评价，温度越高则利用价值越高。热能可用各种介质进行储存，如熔盐、陶瓷、水等，由于水可加热到 100℃，热容量较大、价格比较便宜，因此利用水储存热能较为常见。

2. 机械能

机械能是指物体的动能、位能等能量，如水、风、波的能量，这些能量源于太阳能。太阳能使海水蒸发、降雨降雪，利用流入河流的雨水的落差（如利用堤坝蓄水等方式产生落差）可进行水力发电。在太阳能的作用下，空气中可形成高、低气压而产生风，风可用于风能发电，风也可使海洋表面产生波浪，而波浪可用于波浪发电。

3. 化学能

化学能是物质在化学反应过程中发热、吸热所产生的能量。利用物质在化学反应过程中发热的现象，可将化石燃料等进行燃烧转换成热能，如燃烧煤炭加热锅炉中的水产生蒸汽，驱动汽轮机运转带动发电机发电。另外也可通过直接化学反应产生电能，如燃料电池可利用氢气和氧气进行化学反应产生电能和热水。

4. 电能

电能主要利用热能、机械能等能源，经汽轮机、水轮机等转换成旋转的机械能，然后驱动发电机发电而获得，也可使用太阳能电池等将光能直接转换成电能。发电可使用太阳能、风能、水能等可再生能源，也可使用煤炭、石油以及天然气等化石能源，由于可再生能源资源极为丰富、清洁无污染，因此利用可再生能源发电是一种非常理想的发电方式。电能具有输送容易、控制灵活、使用方便等特点，因此电能的使用极为重要、非常广泛。

5. 光能

太阳光中含有各种波长的光，如可见光、紫外光、红外光等，这些光可用于发电。当太阳光照射由硅半导体构成的太阳能电池时，激发半导体内产生自由电子和空穴，自由电子通过负载移动时便产生电能，这种发电方式称为太阳能光伏发电。

6. 能源的转换和发电方式

分布式发电主要利用可再生能源和化石能源发电，这些能源无法直接变成电能，需要通过如太阳能电池、水轮机、汽轮机、发电机等转换装置将其转换成电能。表1.1所示为各种能源的转换和发电方式，表中列举了各种能源经转换装置转换成电能的过程和发电方式。其中太阳能光伏发电通过太阳能电池直接将太阳的光能转换成电能；水力、风力、潮汐、波浪等能源分别通过水轮机、风机以及空气涡轮等旋转机器转换成机械能，通过发电机将旋转的机械能转换成电能。其他能源则先转换成热能，然后转换成机械能，再转换成电能。

1.4　分布式发电设备

一般来说，分布式发电设备指满足用户特定的需要、在用户现场或靠近用户现场配置的发电功率较小、与环境兼容的发电机组。分布式发电使用安装在用户附近的分布式发电设施发电，包括热电联产及各种蓄能技术，而不论这些发电形式的规模大小和一次能源的使用类型。

分布式发电按照发电所使用的能源是否再生可分为两大类。即利用化石能源（即不可再生能源）的分布式发电和利用可再生能源的分布式发电。前者利用柴油、汽油以及天然气等化石能源，主要使用柴油机、汽油机、燃气轮机、燃料电池（指利用天然气）、发电机等发电设备发电；而后者则利用太阳能、风能、水能、生物质能、地热能、潮汐能等可再生能源，发电主要使用太阳能电池、风机、水轮机、汽轮机、燃料电池（指利用生物质能产生的甲烷、利用光伏发电的电能制造的氢气等）以及发电机等发电设备。

表1.1　　　　　　　　　　　　　各种能源的转换和发电方式

能源	转换装置	能量转换过程	发电方式
太阳热能	聚热器、汽轮机等热机	光能→热能→机械能→电能	太阳能热发电
太阳光能	太阳能电池	光能→电能	光伏发电
风能	风机	机械能→机械能→电能	风力发电
水能	水轮机	机械能→机械能→电能	水力发电
生物质能	反应器、汽轮机等热机	化学能→热能→机械能→电能	生物质能发电
潮汐能	水轮机	机械能→机械能→电能	潮汐发电

续表

能源	转换装置	能量转换过程	发电方式
波浪能	空气涡轮等	机械能→机械能→电能	波浪发电
地热能	汽轮机等	热能→机械能→电能	地热发电
化石燃料	汽轮机、燃气轮机、柴油机、汽油机等热机	化学能→热能→机械能→电能	火力发电、柴油机发电等
核燃料	核反应堆	核能→热能→机械能→电能	核能发电

1.4.1　利用化石燃料的发电设备

利用化石燃料的发电设备有汽轮机、燃气轮机等，如在汽轮机发电中，利用锅炉产生的蒸汽驱动涡轮旋转，带动发电机发电，这种发电方式称为利用蒸汽的发电方式。除此之外还有利用柴油机、汽油机等内燃机发电的方式，这些发电方式通过在燃烧器内燃烧燃料，将燃烧产生的气流（即燃气）转换成机械能，驱动发电机发电。内燃机可分为断续燃烧的往复运动式发动机和连续燃烧的燃气涡轮两种。往复运动式发动机有汽油机、柴油机以及燃气发动机等。发电利用的燃料有固体燃料、液体燃料以及气体燃料。固体燃料有煤炭、废弃物等，液体燃料有石油、甲烷等，气体燃料有天然气等。

在分布式发电中，比较常用的有微型燃气轮机发电。微型燃气轮机是一种超小型燃气轮机，使用天然气、甲烷、汽油、柴油等燃料，其特点是发电效率高、体积小、重量轻、污染小、运行维护方便。

利用化石燃料发电时，回收发电所产生的热能并加以利用，可提高能源综合利用效率，在发生灾害等紧急情况下可作为应急电源使用。原动机主要有柴油发动机、汽油发动机、汽轮机、燃气发动机、燃气轮机等，发电设备主要有柴油机发电、汽油机发电、燃气发动机发电以及汽轮机发电等，这些发电设备可为负载提供稳定的电能。

1.4.2　利用可再生能源的发电设备

可再生能源是取之不尽、用之不竭、无二氧化碳排放、对环境友好的清洁能源。可再生能源发电主要有太阳能光伏发电、风力发电、小水力发电、波浪发电、生物质能发电以及地热发电等。其中水力发电、生物质能发电以及地热发电可提供稳定的电能供给，而太阳能光伏发电、风力发电等存在出力不稳定等问题。

太阳能光伏发电是目前应用较多的一种发电方式。该发电方式基于半导体材料的光电效应原理，利用太阳能电池直接将太阳能转换为电能。太阳能光伏发电利用太阳的光能发电，而光能是取之不尽、用之不竭的清洁能源，不受区域限制、发电装置安全可靠、应用灵活，是一种非常理想的发电方式。发电设备使用太阳能电池。

风力发电是使用风力发电机组将风能转换为电能的发电技术。风能蕴藏量巨大、可再生、分布广、发电成本低、规模效益显著、发电技术较为成熟，具有明显的环保和经济效益。风力发电形式有并网型和离网型两种，其中并网型风力发电是大规模开发风力发电的主要形式,是近年来风力发电发展的主要趋势。离网型风力发电可为偏远地区或无电地区提供电能。发电设备使用风机、发电机等。

水力发电是一种利用水轮机将水的能量,即水的位能、动能转换成旋转的机械能,驱动发电机发电的方式。水力发电利用水能,不需其他燃料,可节省发电燃料费;发电无有害物排放,是一种清洁的能源;发电出力较稳定。小型水力发电可作为分布式电源,自产自销,为水电站附近的用户提供电能。发电设备使用水轮机、发电机等。

生物质能发电是利用生物质,例如:秸秆、沼气、农林废弃物等,采用直接燃烧或其他方法,将生物质能转换为电能的一种发电方式。发电成本低、容易控制、环保综合利用效益好,但收集、储存生物质燃料较难,燃料供给不太稳定,因此生物质能发电装机容量和规模受到一定的限制,比较适合分布式发电。发电设备使用汽轮机、燃气轮机、燃料电池、发电机等。

除水力发电、生物质能发电以及地热发电以外,多数基于可再生能源的分布式发电都有一些共同的特点,即能量密度低、具有随机性、稳定性差。如风力发电、太阳能光伏发电的出力易受季节、天气的影响。而使用化石燃料的分布式发电则出力比较稳定,使用灵活且易于控制。

1.4.3 利用氢能的发电设备

燃料电池是一种在恒温状态下,直接将储存在燃料中的化学能高效、清洁地转换为电能的装置。它利用氢气和氧气的化学反应产生电能,发电时产生的热水可回收利用,综合能源利用效率较高;不排放有害气体,发电出力一定,是一种清洁、稳定的电源;能快速跟踪负荷的变化,负荷响应特性好。燃料电池发电主要有家用、商用、产业用以及大规模发电用等种类。利用氢能的发电设备除了燃料电池之外,还有氢气轮机等。

1.4.4 储能系统

储能系统可用来调整电网的供需平衡、降低峰荷等,也可作为应急电源等使用。常见的储能方式有动能储能、磁能储能以及化学能储能等。储能装置主要有蓄电池、超级电容、超电导线圈以及飞轮等。蓄电池有铅电池、液态锂电池、全固态锂电池等。储能系统可根据用户的需要储存和释放电能,其中储存化学能的蓄电池(又称二次电池)备受关注。

1.5 各种分布式发电的特点

分布式发电既可使用可再生能源也可使用化石能源。使用太阳能、风能、水能等可再生能源发电时,发电的能源采用自然界现存的能源,因此发电成本低、清洁无污染;而使用化石能源发电时,如果制造柴油、汽油以及天然气时采用比较先进的制造技术和环保技术,则柴油机、汽油机等发电时所产生的排放量较少,对环境不会造成太大的影响。可再生能源发电和化石能源发电有许多不同的特点,如发电用资源、发电特性、发电出力稳定性、对环境的影响以及需要解决的问题等。

太阳能光伏发电的特点是发电出力不稳定,容易受季节、气候以及时间的影响,难以满足电能品质的要求，需要解决发电出力不稳定、多余电能等问题。但发电时几乎不排放二氧化碳，有利于环保，太阳能取之不尽，用之不竭，发电能源不受限制等。

水力发电可根据负荷的变化及时调整出力，发电时不排放二氧化碳，是一种清洁无污染的发电方式。但发电出力易受季节、水量等影响，特别是枯水季节发电出力受影响较大。大型水力发电站一般远离负荷中心，存在输电损失。中小水力发电可作为分布式电源，为山区、小城镇的用户提供电能。

风力发电的特点是易受风速、风向等影响，发电出力不太稳定；风机需要安装在风况较好的地方，安装场地受到一定限制；发电时不排放二氧化碳，清洁无污染；发电用资源为风能，资源没有限制以及发电成本较低等，但需要解决发电出力不稳定、噪声大和影响景观等问题。

生物质能发电的出力比较稳定，可以有效利用生物质能、废弃物等发电，一方面可回收利用废弃物，另一方面对环保有利，但需要解决资源的收集、储存、发电成本等问题。

地热发电可充分利用地下资源，出力比较稳定，可为用户提供可靠的供电，但存在地热开发易受地理条件限制、开发建设时间长、发电成本高以及维护管理难等问题。

柴油机发电和汽油机发电可作为分布式发电，出力比较稳定，可根据负荷的变化及时调整发电出力。但发电时会排出二氧化碳，对环境有一定的影响。另外，发电用柴油、汽油等能源资源有限，将来可能会出现能源枯竭问题，发电成本会随国际原油市场价格变化而变化，因此发电用资源有可能会受到资源短缺、价格变动、运输状况等的影响。

核能发电出力比较稳定，可建造小型核电站作为分布式电源使用，发电时不排放二氧化碳，清洁无污染，铀等核燃料储量比较丰富，储存比较容易，发电用资源可得到保证，是一种比较稳定的发电方式，但需要提高核电站的安全性，解决高放射性核废料处理等问题。

总的来说，分布式发电具有许多优点，如污染低、对环境友好；不需要大规模输电设备、成本低；大电网停电时可为中小负载提供一定的电能、供电安全可靠；规模小、在用户的近旁就地安装使用，比较灵活；性能高、可进行热电联产，综合利用效率高等。

分布式发电也存在一些不足，如存在配电系统向输电系统反输电的问题；电力系统的控制变得复杂，使电能品质降低；需增加应对出力变动所需的大型发电设备的容量和储能设备等。另外，一般来说分布式发电系统的效率低于大型发电系统的效率，会增加运行管理设备，使设备投资的总额增加，在人口密度较大的区域及附近，发电设备所导致的事故风险可能会增加等。

1.6　分布式发电系统

根据区域状况、用途、需求的不同，分布式发电系统有多种类型。如根据用途不同可分为三种形式：①在住宅、楼宇等设施内设置的分布式发电系统，其发电自发自用；②在负载附近设置的分布式发电系统，可利用 FIT(Feed-In Tariff) 制度售电；③在大电网附近设置的分布式发电系统，通过大电网为偏远地区或遥远的负荷中心供电等。另外根据系统的构成不同，分布式发电系统可分为单独的发电系统、热电联产系统以及由各种发电系统组合而成的联合分布式发电系统等。

一般来说，在分布式发电系统中需要设置蓄电池等储能系统，有的系统需要与电网并网以保持供需平衡。表1.2所示为利用可再生能源的分布式发电系统的构成要素。这里列举了发电用资源、转换技术、储存技术、并网技术以及系统利用等。

表 1.2　　　　　　　　　　　　　分布式发电系统的构成要素

可再生能源	太阳光能	太阳热能	风能	水能	生物质能	地热能
资源	太阳光（约1kW/m²）	太阳能热（1kW/m³）	风（风速、受风面积等）	水（水的位能等）	生物质（木屑等废弃物）	地热（热水、蒸汽）
转换技术	利用太阳能电池直接进行光电转换	利用聚光器等进行光热转换	将风机的机械能经发电机转换成电能	将水轮机的机械能经发电机转换成电能	将燃烧获得的蒸汽经汽轮发电机组转换成电能	直接利用热能，经汽轮发电机组转换成电能
储存技术	使用蓄电池等调整出力	使用蓄热槽储存热能	使用蓄电池等调整出力	使用储能系统调整出力	储存木屑、发酵液体燃料	使用蓄热槽、储能系统
并网技术	利用直交变换技术与电网并网	直接与电网并网运行	直接与电网并网运行	直接与电网并网运行	直接与电网并网运行、供热	直接与电网并网运行
系统利用	家用光伏发电系统，电能自用或送往电网	用于发电、供热、空调等	电能自用或送往电网	家用电、农用电等	为附近用户供热供电	取暖等，电能自用或送往电网

由表可知，不同发电方式所使用的资源不同，能量密度存在较大的差异，需要使用不同的转换方式以及不同的储存技术，与电网的并网方式也不相同，系统利用方法多种多样。

1.7　分布式发电系统并网问题与对策

太阳能光伏发电、风力发电等由于易受气象条件等的影响，发电出力会出现变动，如果这些发电系统大量集中应用与普及，将会影响与之并网的电力系统的供需平衡、电力品质等。

1. 供需调整

在传统的电力系统中，可通过电力调度中心对各发电站的出力等进行控制使供需平衡，但在分布式发电的情况下，有可能产生多余电能，如太阳能光伏发电大量集中普及时，在昼间、春秋两季、周末等时段会产生多余电能。此问题一般可通过跨区域间的电力融通、电力交易所交易、抽水蓄能发电、太阳能光伏发电系统的出力控制以及利用储能系统等方法来加以解决。

11

2. 电力品质

传统的电力系统的频率一般由电力调度中心对供需进行瞬时调整，使频率维持在规定的范围内，通常利用水力发电、抽水蓄能发电等进行调频。当太阳能光伏发电、风力发电等大量应用和普及时，有可能出现频率调整不足的问题，为了解决频率波动问题，除了利用水力发电、抽水蓄能发电等进行调整之外，还可利用储能系统、控制分布式发电系统的出力等方法进行调整。

太阳能光伏发电一般安装在电网的用户端，当太阳能光伏发电等分布式发电系统大量接入配电线路时，由于反输电的作用会导致配电线路的电压上升，使电压超过规定的范围。解决此问题的方法有强化配电线路（如设置系统电压调整装置、增加线径等）、提高并网逆变器的自动电压调整功能和功率因素控制功能、利用储能系统充放电等。

3. 微电网

随着分布式发电系统的大量普及，保持供需平衡，实现电力系统安全、高效、高质量运行非常重要。为了实现这些目标，可在某区域内设置微电网，即建设可为区域提供电能的小规模电网，将多种分布式发电系统与储能系统等组合，利用中央控制中心对其进行综合控制，实现自发自用，供需平衡等功能，以减少太阳能光伏发电、风力发电等出力变动对电力系统的影响。

4. 虚拟电厂

电力中介公司可在供电侧对分布式电源进行整合，利用信息通信技术对大范围分散的分布式电源与负载设备（指用户）进行远程监控，以达到供需平衡的目的。即在供电侧将多个分布式电源进行整合，使之类似于一个发电厂，称为虚拟电厂（virtual power plant, VPP），在用户侧利用 HEMS、BEMS 以及 CEMS 等进行能源管理，根据气象条件等对太阳能光伏发电、风力发电等的出力进行预测、控制，使分布式可再生能源发电系统提供稳定、可靠的电能。另外，电动车搭载的蓄电池可用于虚拟电厂、微电网、智能电网等。

1.8 分布式发电展望

我国对分布式发电提出了具体要求，将积极发展分布式发电，鼓励能源就近高效利用，加快分布式电源建设。放开用户侧分布式电源建设，推广"自发自用、余量上网、电网调节"的运营模式，鼓励企业、机构、社区和家庭根据自身条件，投资建设屋顶式太阳能、风能等各类分布式电源。鼓励在有条件的产业聚集区、工业园区、商业中心、机场、交通枢纽、数据存储中心及医院等推广建设能源项目，因地制宜发展中小型分布式中低温地热发电、沼气发电和生物质气化发电等项目。支持工业企业加快建设余热、余压、余气、瓦斯发电项目。

经预测，到 2030 年现在占 90% 的大规模集中型电源将降至 70% 以下，太阳能光伏发电、风力发电、生物质能发电、热电联产等分布式电源的比重将升至 30%，到 2050 年将达 60%以上。电能供给将从由电力公司供电的时代逐步向由自己拥有发电站的时代转变，将来使用可再生能源的分布式电源将会得到大力发展，将代替传统的大规模集中型电源成为主流电源。

第 2 章　分布式发电基础理论

分布式发电包括利用柴油、汽油以及天然气等的分布式化石能源发电和利用太阳能、风能等的分布式可再生能源发电。分布式化石能源发电主要有柴油机发电、汽油机发电、汽轮机发电、微型燃气轮机发电以及燃气发动机发电等。分布式可再生能源发电主要有太阳能发电、风力发电、水力发电、地热发电、生物质能发电以及海洋能发电等，这些发电方式具有可循环、可持续、无污染等特点，在分布式发电中发挥着重要作用。

在分布式发电过程中，各种能量之间的转换、发电效率、发电特性等都与发电基础理论密切相关，因此本章简要介绍水力学、热力学、电磁学、光电效应以及燃料电池等方面的基础理论。

2.1　水力学基础理论

2.1.1　水的特性

水在 1 个大气压、水温 4℃时的比重为 1，$1m^3$ 的水的质量为 1000kg，由于水温的变化对水的比重影响不大，所以一般认为 $1m^3$ 的水的质量为 1000kg。由于对水加压时其体积基本保持不变，因此可认为水为非压缩性流体。水的特性在水的能量转换以及水轮机的出力等计算中被广泛应用。

2.1.2　水流的连续性

为了说明水流的连续性，取水流的某个断面，并设断面积为 A，水流的流速为 v，流量 Q 可用下式表示。

$$Q = Av \tag{2.1}$$

图 2.1 所示为管内流体的断面图。设断面 1 的面积为 A_1，流速为 v_1，断面 2 的面积为 A_2，流速为 v_2，断面 1 与断面 2 所围成的部分经短时间后移动至断面 1′ 与断面 2′ 所围成的部分，由于围成部分的质量移动前后保持不变，所以 $\rho A_1 v_1 \Delta t = \rho A_2 v_2 \Delta t$ 成立，这里 ρ 为水的密度，由于 $A_1 v_1 = A_2 v_2$，所以流量 Q 可表示为

$$Q = Av = \text{const.} \tag{2.2}$$

上式称为水流的连续方程。const. 表示常数。水流的连续方程表明流体在任一断面上的流速不随时间而变化。该方程可用于流速计算等方面。

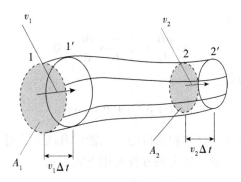

图 2.1　管内流体的断面图

2.1.3　伯努利方程

图 2.2 为流体的受力图。取断面为 dA，长度为 ds 的微小圆柱形水体，基准水面到 O 点的距离为 H，沿微小圆柱的水流方向与垂直线的夹角为 θ。

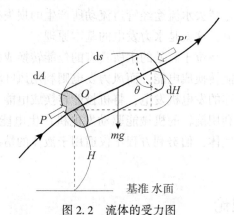

图 2.2　流体的受力图

由于水流的流速是长度 s 的函数，即 $v = v(s)$，因此加速度可用下式表示。

$$a = \frac{\mathrm{d}v}{\mathrm{d}t} = \frac{\mathrm{d}v}{\mathrm{d}s}\frac{\mathrm{d}s}{\mathrm{d}t} = v\frac{\mathrm{d}v}{\mathrm{d}s} \tag{2.3}$$

设微小圆柱的质量为 m，受力为 F，则

$$F = ma = \rho \mathrm{d}A\mathrm{d}s\left(v\frac{\mathrm{d}v}{\mathrm{d}s}\right) \tag{2.4}$$

因 F 由重力和压力两部分组成，所以可分别用下式表示。

重力：$-mg\cos\theta = -\rho \mathrm{d}A\mathrm{d}sg\dfrac{\mathrm{d}H}{\mathrm{d}s}$

压力：$P\mathrm{d}A - P'\mathrm{d}A = P\mathrm{d}A - \left(P + \dfrac{\mathrm{d}P}{\mathrm{d}s}\mathrm{d}s\right)\mathrm{d}A$

这里 g 为重力加速度，P、P' 为微小圆柱的左、右断面所受的压力。将上式代入（2.4）式

并进行整理，得到如下式子。

$$\rho g \frac{\mathrm{d}H}{\mathrm{d}s} + \rho v \frac{\mathrm{d}v}{\mathrm{d}s} + \frac{\mathrm{d}P}{\mathrm{d}s} = 0 \tag{2.5}$$

对上式积分得到伯努利方程。

$$\rho g H + \rho \frac{v^2}{2} + P = \text{const.} \tag{2.6}$$

上式左边的各项分别为单位体积的位能、动能以及压力。对上式进行整理，并考虑水流在流动过程中所损失的能量，伯努利方程可用下式表示。

$$H + \frac{v^2}{2g} + \frac{P}{\rho g} + H_l = \text{const.} \tag{2.7}$$

上式左边的各项分别为位置水头、速度水头、压力水头（又称压强水头）以及损失水头。其中，损失水头为水流在流动过程中损失的能量。

由伯努利方程可见，位能、动能以及压力三者之和为一常数，而且它们之间可相互转换。在水力发电中，水轮机利用它们之间的能量相互转换产生旋转的机械能，通过发电机产生电能。如位于高处蓄水池取水口处水的位能转换成位于低处的水轮机排水口处水的动能，由此产生的水位总落差减去水流途经管道流动所产生的损失得到有效落差，水轮机则利用有效落差进行水力发电，这就是水力发电的基本原理。

水力发电利用水轮机，将位于高处的水所具有的位能转换成机械能，驱动与水轮机相连的发电机发电，将机械能转换成电能。而风力发电则利用风叶将风所具有的动能转换成旋转的力，驱动与风机相连的发电机发电，将机械能转换成电能。由此可见，无论是水力发电还是风力发电，都是利用旋转的机械能驱动发电机产生电能，只是使用的流体有别，前者利用液体，后者利用气体，伯努利方程不仅适用于液体的情况，也同样适用于气体的情况。

2.2　热力学基础理论

热能是指物质的分子运动能量，可用热力学第一定律和热力学第二定律来描述，热力学第一定律是热力学的基础，热力学第二定律阐明了能量转换过程进行的方向性，两定律在分布式发电等方面有着广泛的应用，对于理解锅炉、热交换器、汽轮机以及燃气轮机的工作原理非常重要。另外热力学的状态可用压强、温度、内能（即内部能量）、焓 H（enthalpy）以及熵 S（entropy）等来描述。

2.2.1　热力学第一定律

热力学第一定律是指热量可以从一个物体传递到另一个物体，也可以与机械能或其他能量互相转换，但在转换过程中能量的总量保持不变，即不同形式的能量在传递与转换过程中守恒，因此热力学第一定律又称为能量守恒定律。热力学第一定律指出了内能这一物理量的存在，热与功可相互转换，但热和功的总量与过程、途径无关，只决定于体系的始末状态。在工程热力学范围内，热能和机械能在转移或转换时能量的总量守恒。

由于热能是物质的分子运动能量，它可转换成其他的机械能等，在转换过程中遵循能量守恒定律，可用下式表示。

$$Q = W \qquad (2.8)$$

式中，Q 为热量，J；W 为功，J。

假设 dQ 为物体从外部获得的热量，dW 为物体对外所做的功，dU 为物体增加的能量（即内能），则热力学第一定律可表示为

$$dU = dQ - dW = dQ - PdV \qquad (2.9)$$

式中，P 为压强，N/m^2；V 为容积，m^3；$W = PV$（压强与容积的乘积）。

对于液体或气体来说，用焓描述内能、压强以及容积等之间的状态比较方便。焓是热力学中表示物质系统的一个状态函数，它等于系统的内能 U 加上压强 P 与体积 V 的乘积。

$$H = U + PV \qquad (2.10)$$

焓的变化量可表示为

$$dH = dU + PdV + VdP = dQ + VdP \qquad (2.11)$$

（1）由（2.9）式可得 $dQ = dU + PdV$，可见对物体施加热量 dQ 时，会导致内能 dU 的增加和对外做功 $dW = PdV$。

（2）当对外不做功时，$dW = PdV = 0$，则

$$dQ = dU \qquad (2.12)$$

可见，所加的热量与内能的增量相等，如对密闭容器内的气体加热的情况。

（3）在压强一定的情况下加热时，由于 $dP = 0$，由（2.11）式可得

$$dH = dQ \qquad (2.13)$$

可见，所加的热量与焓的增量相等，如利用锅炉等使水获得热量的现象，在实际应用中上面的等式关系成立。

焓的物理意义是：焓的变化是系统在等压可逆过程中所吸收的热量的度量。另外，它也是工质的热力状态参数之一，表示工质所含的全部热能等于该工质的内能加上压强与体积的乘积。

2.2.2 气体的状态变化与循环

1. 气体的状态变化

空气、蒸汽等实际气体的状态变化可用理想气体（即压强与温度和密度成正比，内能与密度无关的气体）的状态变化式来描述。

$$PV = RT \qquad (2.14)$$

式中，R 为气体常数，J/K；P 为气体的压强，N/m^2；V 为气体的体积，m^3；T 为气体的温度，K。

由于在分布式发电中常用热力学的基础理论，如等温变化和绝热变化等，因此这里主要介绍这两种变化。

1）等温变化

等温变化时，由（2.14）式可知 $PV =$ 常数，由于温度不变，此时内能也一定，因此

$dU = 0$，由(2.9)式得到下式。

$$dQ = PdV \tag{2.15}$$

在等温变化中，由状态 1 变到状态 2 时，对上式积分可得如下的热量、容积和压强之间的关系。

$$\frac{1}{T}\int_1^2 dQ = R\int_1^2 \frac{dV}{V} = R\ln\frac{V_2}{V_1} = R\ln\frac{P_1}{P_2} \tag{2.16}$$

2)绝热变化

在绝热变化中，由于系统在变化的过程中没有热的进出，因此 $dQ = 0$，由(2.9)式得到下式。

$$dU = -PdV \tag{2.17}$$

设 $K = C_P/C_V$，$R = C_P - C_V$，并对(2.17)式进行积分、整理，则得到下式。

$$PV^K = TV^{K-1} = 常数 \tag{2.18}$$

这里，C_P 为定压比热(即压强一定时的热容量)，C_V 为定容比热(即体积一定时的热容量)。

2. 循环

循环是指流体连续变化返回到初态，终态与初态重合的连续变化过程。热循环指在一个热力学过程中，系统从初态出发经历了一系列过程之后又回到初态。流体等经过一系列的状态变化后，重新回到原来状态的全部过程称为可逆循环。根据热力学定律能量是守恒的，热量只能从温度高的物体传递到温度低的物体。在热力学循环中，一般用理想的卡诺循环(Carnot cycle)来描述热循环，用于分析、计算热效率等。

卡诺循环如图 2.3 所示。卡诺循环包括四个过程：等温吸热(系统从高温热源中吸收热量，温度不变，气体体积增加)，绝热膨胀(系统对外做功，气体体积增加，压强降低，温度降低)，等温放热(系统向环境排出热量，体积压缩)，绝热压缩(气体做功，压缩气体，温度上升)，在等温放热和绝热压缩过程中系统向环境做负功。一般来说，低温热源通常是周围的环境。

图 2.3(a)所示为压强 P 与体积 V 的关系，图 2.3(b)所示为温度 T 与熵 S 之间的关系。卡诺循环有两个等温变化过程和两个绝热变化过程，图中的 AB 线和 CD 线为等温变化过程，温度保持不变，而 BC 线和 DA 线为绝热变化过程，熵保持不变。

卡诺循环是指从高温热源获得热量对外做功，然后向低温热源排热的过程。在卡诺循环的一个循环中，从高温热源吸收热量 Q_1，向低温热源排出热量 Q_2，对外所做的功为

$$W = Q_1 - Q_2 \tag{2.19}$$

假设高温热源的绝对温度为 T_1，低温热源的绝对温度为 T_2，则卡诺循环的效率 η 为

$$\eta = \frac{W}{Q_1} = \frac{Q_1 - Q_2}{Q_1} = 1 - \frac{Q_2}{Q_1} = 1 - \frac{T_2}{T_1} \tag{2.20}$$

由上式可知，卡诺循环的效率只与两个热源之间的温度有关，即卡诺循环的效率由低温热源和高温热源的绝对温度的比决定。高温热源的温度 T_1 越高，低温热源的温度 T_2 越低，则卡诺循环的效率 η 越高，卡诺循环的效率一般小于 1。内燃机和外燃机等热机利用

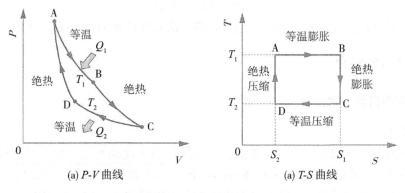

(a) P-V 曲线　　　　　　　(a) T-S 曲线

图 2.3　卡诺循环

热能对外做功，将热能转换成机械能，然后排出低温气体，因此卡诺循环可用来描述内燃机和外燃机等热机的热循环过程。在热力学的循环中，卡诺循环是一种理想的可逆循环。

3. 热机

将热能转换为功的装置称为热机。热机有内燃机和外燃机之分，内燃机自身燃烧柴油、汽油等工质并转换成热能；而外燃机则使用热交换器等，间接地将工质加热并提高内能。

内燃机有汽油机、柴油机、燃气轮机等，外燃机有汽轮机等。不同的热机可用不同的循环来描述，如汽油机用奥托循环（Otto cycle）、柴油机用荻塞尔循环（Diesel cycle）、燃气轮机用布雷顿循环（Brayton cycle），汽轮机用朗肯循环（Rankine cycle）等。

2.2.3 热力学第二定律

热力学第二定律是指在自然条件下，热量只能从高温物体向低温物体转移，而不能由低温物体自动向高温物体转移，这个转变过程是不可逆的，要使热传递方向逆向，只能靠消耗功来实现。热力学第二定律阐明了转换过程进行的方向性，与之相关的状态量是温度和熵。

在热力学中，熵是工质的热力状态参数之一，在可逆微小变化过程中，熵的变化 dS 等于系统从热源吸收的热量 dQ 与热源的温度 T 之比，熵 S（J/K）的定义如下式。

$$dS = \frac{dQ}{T} \tag{2.21}$$

熵的物理意义是：熵用来度量热量转变为功的程度。熵还可作为系统中无序或无效能状态的度量。除此之外，熵可用来表示状态出现的程度，在热力学中是一个用来说明热力学过程不可逆性的物理量。

熵无法进行测量，物体吸热、放热时具有增减的特性，在绝热变化过程中熵保持不变，而在等温变化过程中熵会发生变化，其变化与绝对温度成反比，而在压强一定的情况下与焓的变化成正比，可用（2.22）式和（2.23）式表示。

$$dU = TdS - PdV \tag{2.22}$$

$$dH = TdS + VdP \qquad (2.23)$$

在可逆循环中，循环初态和终态的熵相等，而在非可逆循环中熵会增大。

2.2.4　蒸汽的性质

1. 饱和蒸汽和过热蒸汽

1）饱和蒸汽

当水加热到一定温度时会到达沸点，沸点随压力变化而变化，压力增加则沸点增高，他们之间存在一定的关系。如果在 760mmHg 的压力下将纯水加热，当温度上升至 100℃时水开始沸腾，此时的温度称为饱和温度，饱和温度时的压力称为饱和压力。饱和温度时的蒸汽称为饱和蒸汽，也就是说一个标准大气压(760mmHg)下，温度为 100℃的水蒸气称为饱和蒸汽。饱和蒸汽中的水称为饱和水，由于饱和蒸汽的温度处在沸点，降温时会凝结成水，因此饱和蒸汽不能直接用于汽轮机发电。

2）过热蒸汽

如果水蒸发产生的蒸汽中含有极小的水滴则称之为湿蒸汽，而不含水分的蒸汽称为干饱和蒸汽(又称干蒸汽)。在一定压力下对干饱和蒸汽再加热，使温度超过饱和温度，此时温度与所加热量成正比，此蒸汽称为过热蒸汽。

汽轮机发电、地热发电、生物质能发电等使用过热蒸汽。过热蒸汽做功降温后还是气体，不会凝结成水，这样可以有效地保护汽轮机免受凝结水的冲击和腐蚀，有利于汽轮机的安全。

2. 蒸汽的 P-V 曲线

由于蒸汽的性质难以用简单的公式来表示，一般用 P-V 曲线、T-S 曲线、V-S 曲线、P-H 曲线以及 H-S 曲线等表示，常用的有 P-V 曲线、T-S 曲线等。P-V 曲线用来表示压强 P 与容积 V 之间的关系。图 2.4 所示为蒸汽的 P-V 曲线，图中的 1—2 曲线上称为饱和水曲线，该曲线和其左侧部分为水，3—4 曲线上称为饱和蒸汽曲线，该曲线的右侧部分为过热蒸汽，1—2 曲线和 3—4 曲线之间的部分为湿蒸汽，两曲线合起来称为饱和曲线。

当压强 P 不断上升时，1—2 曲线和 3—4 曲线不断接近，最后到达 K 点，称 K 为临界点，此时的温度称为临界温度，压强称为临界压强。水的临界温度为 374.1℃，临界压强为 225.65kg/cm²abs(绝对压强)，临界压强以上的压强称为超临界压强。

3. 蒸汽的 T-S 曲线

图 2.5 所示为蒸汽的 T-S 曲线，它用来表示绝对温度 T 与熵 S 之间的关系。图中的 x 为蒸汽的干度，它用每千克湿蒸汽中含有干饱和蒸汽的质量百分数来表示。使用 T-S 曲线时，可根据图所示的曲线围成的面积求得热量。另外使用描述焓 H 和熵 S 之间关系的 H-S 曲线可用来计算汽轮机的效率。

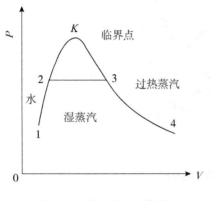

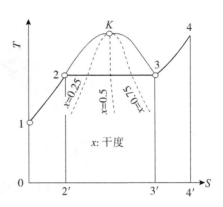

图 2.4　蒸汽的 *P-V* 曲线　　　　　　　图 2.5　蒸汽的 *T-S* 曲线

2.3　电学基础理论

2.3.1　感应电动势

　　发电机广泛用于水力发电、风力发电、汽轮机发电等，它是一种电能转换装置，可将机械能转换成电能，其基本原理是法拉第电磁感应定律，该定律可用下式表示。

$$e = -\frac{\mathrm{d}\Phi}{\mathrm{d}t} \tag{2.24}$$

式中，e 为感应电动势，V；Φ 为磁通量，Wb。由式（2.24）可见，线圈在磁场中移动时切割磁力线会产生电动势。假定电枢线圈导体的有效长度为 l（m），磁束密度为 B（T），导体的运动速度为 v（m/s），则线圈的感应电动势 e（V）为

$$e = vBl \tag{2.25}$$

2.3.2　发电机的发电原理

　　发电机的发电原理如图 2.6 所示。当线圈在磁束密度 B 的磁场中旋转时，线圈切割磁力线产生感应电动势。使线圈旋转的力由原动机提供，在水力发电中为将水能转换成机械能的水轮机，而在火力、核能发电中由利用蒸汽的汽轮机供给，在柴油机发电中则由柴油机提供等。

　　假定图 2.6 所示线圈的面积为 S，磁束密度为 B，线圈平面与磁束之间的夹角为 θ，则通过线圈的磁通量为

$$\Phi = BS\cos\theta \tag{2.26}$$

根据法拉第电磁感应定律，感应电动势可用下式表示。

$$e = -\frac{\mathrm{d}\Phi}{\mathrm{d}t} = BS\sin\theta\frac{\mathrm{d}\theta}{\mathrm{d}t} \tag{2.27}$$

由于 $\theta = \omega t$，感应电动势为

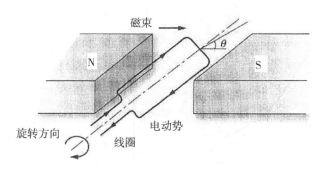

图 2.6　发电机的发电原理

$$e = BS\omega\sin\omega t = E_{\mathrm{m}}\sin\omega t \tag{2.28}$$

图 2.7 所示为磁通量与正弦波交流电压波形。

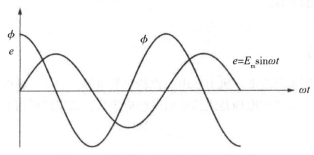

图 2.7　磁通量与正弦波交流电压波形

2.3.3　最大值和有效值

由于 $\omega = 2\pi f\,(\mathrm{rad/s})$，由（2.28）式可知，电动势的最大值 E_{m} 为

$$E_{\mathrm{m}} = \omega BS = 2\pi fBS \tag{2.29}$$

有效值为

$$V_0 = \frac{E_{\mathrm{m}}}{\sqrt{2}} = 4.44fBS \tag{2.30}$$

当线圈绕组为 N 匝时，有效值为

$$V_0 = 4.44NfBS \tag{2.31}$$

发电机发电时由于磁场与线圈之间做相对运动，因此发电机可采用磁极旋转、电枢线圈固定的结构，也可采用磁极固定、电枢线圈旋转的结构。在水力发电等发电机中一般采用使 N-S 磁极旋转（即转子产生旋转磁场），电枢线圈（定子产生电动势的绕组）固定的发电机结构。

发电机可分为直流发电机和交流发电机，交流发电机有单相发电机和三相发电机两种，一般使用三相交流发电机。另外还有同步发电机和异步发电机等不同种类的发电机，在实际应用中可根据需要进行选择，如水力发电一般使用三相交流同步发电机。

2.4 太阳能光伏发电

2.4.1 PN结

太阳能光伏发电是利用太阳能电池吸收太阳光辐射能，并将其转变成电能的直接发电方式。太阳能电池的种类较多，常见的硅太阳能电池一般由N型和P型半导体材料构成，将这两种半导体制作在同一块硅片上时，在其交界面可形成如图2.8所示的PN结。由于在其交界面存在电子空穴浓度差，P型半导体中的空穴在N型半导体中电子的作用下移动到N型区域(称N区)，而N型半导体中的电子在P型半导体中空穴的作用下移动到P型区域(称P区)，在交界面附近形成空间电荷区(PN结)，P型半导体带负电，N型半导体带正电，由于正负电荷间的作用形成内建电场，其方向由N区指向P区。在空间电荷区缺少多数载流子，所以该空间电荷区又称耗尽层。

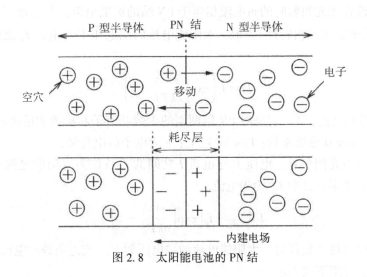

图2.8 太阳能电池的PN结

2.4.2 太阳能电池的发电原理

太阳能电池有晶硅太阳能电池、非晶硅太阳能电池、化合物太阳能电池、有机太阳能电池等种类。常用的晶硅太阳能电池主要由P型半导体、N型半导体、表面电极、背面电极以及反射防止膜等构成。晶硅太阳能电池的发电原理如图2.9所示，当太阳光照射在太阳能电池的PN结上时，太阳能电池吸收太阳光能并产生空穴-电子对，在PN结内建电场的作用下，带正电的空穴由N区向P区集结，而带负电的电子由P区流向N区，当在太阳能电池的表面电极和背面电极之间接上负载时，闭合电路中形成电流，这就是基于光生伏特效应的太阳能电池发电原理。

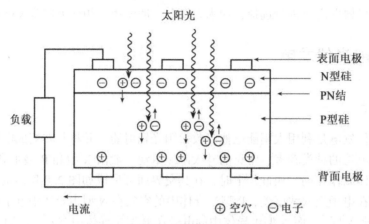

图 2.9　晶硅太阳能电池的发电原理

2.4.3　太阳能电池的伏安特性

太阳能电池在无光照射时的暗电流相当于 PN 结的扩散电流，与普通二极管的伏安特性(又称二极管的输入输出特性)类似，太阳能电池的端电压 V 与电流 I_d 之间的关系可用下式表示。

$$I_d = I_o\left(\exp\left(\frac{eV}{nkT}\right) - 1\right) \tag{2.32}$$

式中，I_o 为逆饱和电流，A，它是由 PN 结两端的少数载流子和扩散常量决定的常数；n 为二极管因子；k 为玻耳兹曼常数；T 为温度，℃；e 为电子的电荷量，C。

太阳能电池被光照射时，电压 V 与电流 I 之间的关系称为太阳能电池的输入输出特性，一般用下式表示，其中 I_{ph} 为光电流。

$$I = I_{ph} - I_o\left(\exp\left(\frac{eV}{nkT}\right) - 1\right) \tag{2.33}$$

当太阳能电池接上负载时，太阳能电池的端电压为 V，流过负载的电流为 I，太阳能电池的出力 P_{out} 可用下式表示。

$$P_{out} = VI = V\left[I_{ph} - I_o\left(\exp\left(\frac{eV}{nkT}\right) - 1\right)\right] \tag{2.34}$$

2.5　燃料电池发电

燃料电池是利用氢气与空气中的氧气进行电化学反应直接产生电能的发电装置，发电的同时产生热水。燃料电池所使用的电解质有磷酸、熔融碳酸盐、固体氧化物以及固体高分子等，根据电解质的不同，燃料电池有磷酸型、熔融碳酸盐型、固体氧化物型以及质子交换膜型等种类。燃料电池能量转化效率高、无噪声、无污染、节能环保，是一种理想的发电技术。

2.5.1 燃料电池的构成

燃料电池是一种电化学能量转换装置，它将氢等燃料与氧化剂的化学能经过电化学反应直接转换成电能。图 2.10 所示为磷酸型燃料电池的构成。它由燃料电极(又称阴极)、空气电极(又称阳极)、电解质层、隔板等构成。燃料电极用来供给氢气，空气电极用来供给氧气，隔板具有对电子绝缘而让电解质中的离子通过的功能。

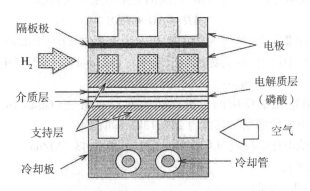

图 2.10 磷酸型燃料电池的构成

2.5.2 燃料电池的发电原理

图 2.11 所示为磷酸型燃料电池的发电原理，其中电解质使用磷酸水溶液。在燃料电极和空气电极的反应可分别用下式来描述。

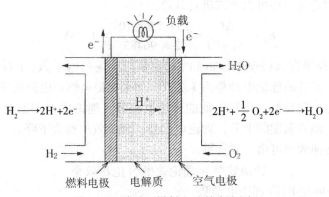

图 2.11 磷酸型燃料电池的发电原理

燃料电极	$H_2 \longrightarrow 2H^+ + 2e^-$	(2.35)
空气电极	$2H^+ + \dfrac{1}{2}O_2 + 2e^- \longrightarrow H_2O$	(2.36)
全体	$H_2 + \dfrac{1}{2}O_2 \longrightarrow H_2O$	(2.37)

当燃料电极供给氢气,空气电极供给氧气时,氢气与氧气进行电化学反应产生电能,如果在电极的外部接上负载则产生电流,为负载提供电能。

2.5.3 燃料电池理论效率

一般来说,燃料电池的供给能量不可能全部转换成电能,其能量可分成可转换能量(可转换成电能的能量)与不可转换能量两部分。燃料电池电化学反应时,供给能量 ΔH、可转换能量 ΔG 以及不可转换能量 $T\Delta S$ 之间的关系可用下式表示。

$$\Delta H = \Delta G + T\Delta S \tag{2.38}$$

式中各项的含义及标准状态(温度为 25℃,压力为 1 个大气压)下的值为

ΔH:燃料电池电化学反应的标准生成焓变化(kJ/mol),即燃料电池的供给能量。氢与氧反应时其值为 285.83kJ/mol;

ΔG:燃料电池电化学反应的标准生成吉布斯自由能(Gibbs free energy)变化(kJ/mol),即可转换成电能的能量。其值为 237.13kJ/mol;

$T\Delta S$:燃料电池电化学反应时释放的热能,其值为 48.7kJ/mol;

T:绝对温度(K);

ΔS:熵变化(J/k·mol)。

燃料电池的理论效率可根据供给能量、转换的电能由下式计算。

$$\eta = \frac{\Delta G}{\Delta H} = \frac{237.13 \times 10^3}{285.83 \times 10^3} = 82.96\% \tag{2.39}$$

可见燃料电池的理论效率大约为 83%。

2.5.4 燃料电池的理论电动势

燃料电池的理论电动势可由下式进行计算。

$$E_0 = \frac{\Delta G}{\Delta(nF)} = \frac{237.13 \times 10^3}{2 \times 96485} = 1.23\text{V} \tag{2.40}$$

这里,F 为法拉第常数(96485C/mol);n 为参与反应的电子数(氢反应时 $n=2$)。可见,燃料电池单个芯片的理论电动势为 1.23V,如果要提高燃料电池的输出电压,则需将燃料电池芯片进行串联叠加。燃料电池的理论电动势、理论效率与温度的关系如图 2.12 所示,由图可见,随着温度的上升,理论电动势、理论效率都会下降。

燃料电池的转换效率可由下式计算。

$$\text{转换效率} = \text{理论效率} \times \text{电压效率} \tag{2.41}$$

式中,电压效率=电池电压/理论电动势

2.5.5 电压-电流特性

燃料电池接上负载时会出现电压下降的现象,如图 2.13 所示为燃料电池的电压-电流特性。该特性与电阻极化电压 V_0、活性极化电压 V_a 以及气体浓度极化电压 V_c 等有关,即与材料的电阻(即电阻极化电压 V_0)、电极进行反应时必要的活性能量的补给(即活性极化电压 V_a)以及电极的供给气体、排放速度的大小(即气体浓度极化电压 V_c)有关。

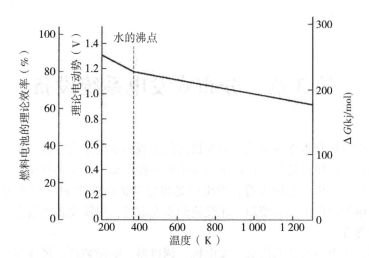

图 2.12　燃料电池的理论电动势、理论效率与温度

由图可以看出，电阻极化电压随电流密度的增加以一定比例增加；活性极化电压在电流密度较小的范围内急增，之后随电流密度增加而增加；气体浓度极化电压在电流密度较小时非常小，但随着电流密度增加而不断增加，电流密度接近最大时急增。

燃料电池单体的实际电压 V 与电阻极化电压 V_0、活性极化电压 V_a 以及气体浓度极化电压 V_c 有关，可用下式表示。

$$V = E_0 - V_0 - V_a - V_c \tag{2.42}$$

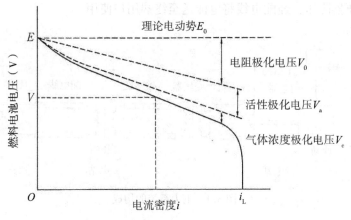

图 2.13　燃料电池的电压-电流特性

27

第3章　分布式发电系统设备

分布式发电系统是指靠近负载、分布设置的小规模发电系统，该系统设备主要包括原动机、发电机以及附属设备等。原动机为发电机等提供动力，主要有柴油机、汽油机、汽轮机、燃气轮机、风机、水轮机等；发电机是将原动机所产生的机械能转换成电能的装置，在水力发电等发电中一般使用三相交流同步发电机；附属设备主要有调速器、励磁装置、并网逆变器等。

本章简要介绍电力系统的构成、发电机、调速器、励磁装置、逆变器、直流环以及分布式发电系统与电网并网的方式和系统等，作为以后各章的基础知识。

3.1　电力系统的构成

电力系统的构成如图3.1所示，该系统主要由发电到输电、变电、配电，直至终端用户的电力设备以及控制系统等构成。发电所使用的原动机有水轮机、风机、汽轮机、燃气轮机等，原动机驱动发电机发电，如水力发电、火力发电、核能发电等。发电机一般采用三相交流同步发电机，由于发电机的输出电压较低，为了减少输电损失，一般在超高压变电站利用输电用变压器将电压升压，然后通过高压输电线将电能输送至远方的变电站，再经过配电用变压器降压，经配电线将电能送至终端用户使用。

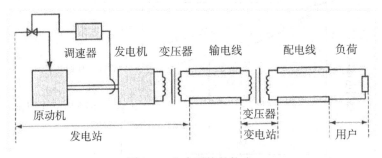

图 3.1　电力系统的构成

3.2　发电机

发电方式可分为直接发电(如利用太阳能电池发电、燃料电池发电等)和利用旋转能量的发电机发电等，后一种方式发电时一般由汽轮机、水轮机、风机以及内燃机等原动机驱动。发电机是将原动机的机械能转换成电能的装置，它可分为直流发电机和交流发电机两种，一般使用交流发电机发电。交流发电机又可分为单相交流发电机和三相交流发电机，还可分为同步发电机和异步发电机，一般使用三相交流同步发电机发电。

　　根据使用的原动机的不同，所使用的发电机也不同，如水力发电、汽轮机发电等一般使用三相交流同步发电机。水力发电一般使用转速低、直径大、转子为凸极型的发电机；而汽轮机发电一般使用转速高、直径小、隐极型的发电机。风力发电可使用同步发电机，也可使用异步发电机。本章将分别介绍这两种发电机的构造、原理以及特性等。

3.2.1　三相同步发电机

1. 三相同步发电机的发电原理

对于磁极数为 P（又称 P 极）的发电机来说，每旋转一周则电动势呈现 $P/2$ 周期变化，每分钟旋转 N 周时发电机的电动势的频率 f（Hz）为

$$f = \frac{PN}{120} \tag{3.1}$$

如果交流发电机的磁极数 P 为 2，电动势的频率为 50Hz，则转速 N 为

$$N = \frac{120 \times f}{P} = \frac{120 \times 50}{2} = 3000(\text{r/m}) \tag{3.2}$$

这里 N 为同步转速，对于磁极数 P 的交流发电机来说，要产生频率 f 的交流电，则需要以同步转速 N 旋转，这种发电机称为同步发电机。

　　在三相交流发电机中，一般将三相绕组按互差 120° 电角度配置。根据电磁感应定律，三相绕组在磁场中旋转时切割磁力线产生三相电动势 e_a、e_b、e_c，各相电动势的相位差为 120°，称之为对称三相交流电压。图 3.2 所示为三相交流发电机原理。图 3.3 所示为三相交流同步发电机的对称三相交流电压波形。

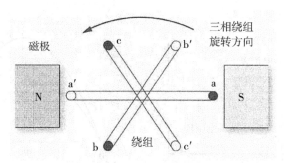

图 3.2　三相交流发电机原理

对称三相交流电压可以分别表示为

$$e_a = E_m \sin \omega_m t$$

$$e_b = E_m \sin\left(\omega_m t - \frac{2}{3}\pi\right) \tag{3.3}$$

$$e_c = E_m \sin\left(\omega_m t - \frac{4}{3}\pi\right)$$

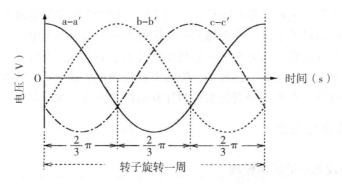

图 3.3　三相交流同步发电机的交流电压波形

图 3.4 所示为同步发电机等效电路。转子旋转时在定子中产生三相交流电动势。设交流电动势为 $\dot{E}$，同步发电机的端电压为 $\dot{V}$，同步电抗为 X_s，由等效电路可知，出力 P 和转矩 T 分别为

$$P = \frac{EV}{X_s}\sin\delta \tag{3.4}$$

$$T = \frac{P}{\omega_s} \tag{3.5}$$

式中，δ 为 $\dot{E}$ 与 $\dot{V}$ 之间的相位差；ω_s 为转子的角速度。

图 3.5 所示为同步发电机的出力和转矩与相位差的关系。由(3.4)式可知，同步发电机出力和转矩与 $\sin\delta$ 有关，因此改变相位差 δ 可以控制同步发电机的出力和转矩。

图 3.4　同步发电机等效电路

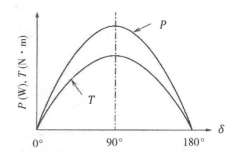

图 3.5　同步发电机出力和转矩

2. 同步发电机的种类

同步发电机可分为永磁同步发电机和励磁同步发电机两种。永磁同步发电机由转子的永磁体产生磁场，定子输出电能，经全功率整流逆变后输往电网；励磁同步发电机由外接到转子上的直流电流产生磁场，定子输出的电能经全功率整流逆变后输往电网。小型发电

机一般采用永磁同步发电机，而大中型发电机一般采用励磁同步发电机。

三相同步发电机有旋转磁极型和旋转电枢型。图 3.6 所示为旋转磁极型发电机示意图，在该发电机中，转子为磁极，定子上固定有产生感应电流的电枢绕组，通过磁极的旋转使定子的电枢绕组切割磁力线产生感应电流。这种发电机由于不使用滑环向外输送电能，因此输出电压较高，大中型发电机一般为旋转磁极型发电机。

图 3.7 所示为旋转电枢型发电机示意图。其中定子上装有磁极，转子为产生感应电流的电枢绕组，通过电枢绕组的旋转使闭合线圈的磁通量变化从而产生感应电流。由于电枢绕组通过滑环向外部输送电能，因此输出电压不高，小型发电机一般采用旋转电枢型发电机。

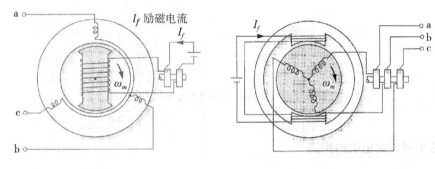

图 3.6　旋转磁极型发电机　　　　图 3.7　旋转电枢型发电机

图 3.8 所示为旋转磁极型同步发电机的内部结构。定子上有电枢绕组，该绕组与电网连接。转子上有励磁线圈，通电时产生磁场，称为电励磁，作用相当于电磁铁，也可使用永磁铁产生磁场。转子的旋转速度与定子绕组产生的旋转磁场同步运行。

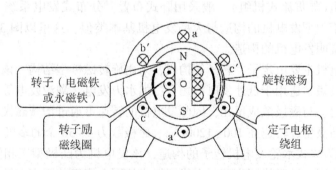

图 3.8　旋转磁极型同步发电机内部结构

图 3.9 所示为旋转磁极型同步发电机系统的构成。其工作原理是：使转子内的励磁线圈流过直流电流产生主磁场，并形成主磁场，由于发电机转子随原动机(如水轮机、汽轮机等)主轴旋转，所以此磁场为随原动机转动的旋转磁场。旋转磁场的磁通从转子的 N 磁极出发，经转子与定子之间的气隙、定子铁芯、定子与转子之间的气隙，进入转子的 S 磁极构成主磁通回路。

31

　　当水轮机等带动转子磁极旋转时，主磁极的磁力线被固定在定子铁芯内的三相绕组依次切割，在定子三相绕组内感应出相位不同的三相交变电动势。这时若将定子的三相绕组的末端(即中性点)相连并接地，而将定子三相绕组的首端引出线与负载连接，就会有电流流过，通过发电机将原动机产生的机械能转换为电能。

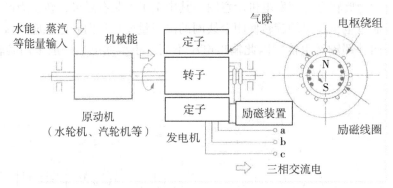

图 3.9　旋转磁极型同步发电机系统

3. 三相同步发电机的构造

1) 水轮发电机

　　根据发电用途和容量的不同，水轮发电机既可使用异步发电机也可使用同步发电机，但通常使用凸极型、旋转磁极型三相同步发电机。考虑到成本等因素，发电容量在数百kW 以下时也可使用三相交流异步发电机发电。

　　水轮发电机可分为立式和卧式两类。大中型机组(包括水轮机和发电机)一般采用立式布置，小型机组(如贯流式机组)一般采用卧式布置。分布式发电系统一般使用中小型水轮发电机，由于中型发电机的构造与大型发电机基本类似，这里以图 3.10 所示的立式水轮发电机为例说明发电机的构造。

　　立式水轮发电机主要由定子、转子等构成，采用旋转磁极型结构。该发电机的特点是直径较大，轴向较短，适用于低速发电的场合，如水力发电、潮汐发电等。由于发电机的转速与频率成正比，与磁极数成反比，因此发电机的转速可通过增减磁极数决定。在水力发电中一般采用凸极型、转速在 100~1200r/m、磁极数为 4~56 个的多极型发电机发电。

　　图 3.11 所示为立式水轮发电机转子的构造，该发电机为凸极型三相同步发电机。转子用来固定励磁线圈，励磁线圈为若干个线圈组成的同心绕组并固定在转子的槽内，励磁线圈的引出线经导电杆连接到集电环上，再经过电刷引出。励磁线圈流过电流时产生旋转磁场，该旋转磁场与转子的旋转速度同步运行。定子铁芯是构成磁路并固定定子电枢绕组的重要部件，电枢绕组嵌放在定子铁芯内圆的槽中，三相绕组互差 120° 电角度，以保证电枢绕组产生三相交流电动势。

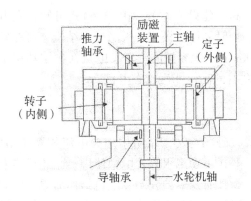

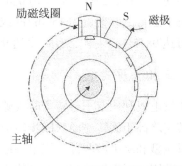

图 3.10 立式水轮发电机构造　　　　图 3.11 凸极型发电机转子构造

水轮发电机容量与定子内径、定子铁芯长度以及转速有关，可用(3.6)式表示。

$$P = k D^2 L n \qquad (3.6)$$

式中，P 为发电机容量，kVA；D 为定子内径，m；L 为定子铁芯长度，m；n 为转速，r/m；k 为常数。由上式可知，要增加发电机的容量，则需要增加定子内径、定子铁芯长度或转速，但转速越高则转子的离心力越大，为了保证发电机的安全，所以转子的转速不能过高。

2)汽轮发电机

汽轮发电机是一种将汽轮机、燃气轮机等原动机的机械能转换成电能的发电装置，由于汽轮机、燃气轮机等的转速比较高，为了减少因离心力而产生的机械应力、降低风耗等，汽轮发电机转子的直径较小、长度较长，外形采用隐极型的结构。汽轮发电机主要在火力发电、核能发电、地热发电以及生物质能发电中使用。

图 3.12 所示为汽轮发电机的结构，该发电机由定子、转子、滑环、主轴、轴承等组成。在定子的沟槽中装有电枢绕组，在转子的沟槽中装有励磁线圈，并用金属楔固定，在主轴上装有滑环，以便给励磁线圈供给励磁电流，发电机的输出端通过套管与输电设备相连将电能输出。

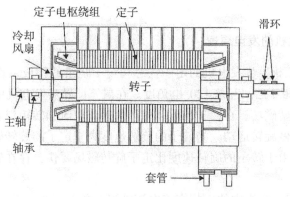

图 3.12 汽轮发电机的结构

一般来说，发电机的容量大则发电效率高、建设成本低。由(3.6)式可知，发电机的容量与转速成正比，因此汽轮发电机的转子一般采用 4 极或 2 极隐极型结构，可在转速较高的状态下运行，转速可达 1500r/m 或 3000r/m。大容量的汽轮发电机在额定功率下运行时效率可达 98.5%，现在已有效率达 99% 左右的高性能汽轮发电机。

3.2.2　三相异步发电机

异步发电机利用定子与转子间气隙的旋转磁场与转子绕组中感应电流相互作用发电，其转子转速略高于旋转磁场的同步转速，一般在小功率水力发电中使用。三相异步发电机可分为鼠笼型和绕组型两种。绕组型使用较少，而鼠笼型异步发电机结构简单、坚固、无集电环和碳刷、可靠性较高、不受使用场所限制，因此应用比较广。由于三相异步发电机不需要励磁设备、同期及电压调节装置等，因此可减少电站设备、降低设备投资费用。

1. 鼠笼型三相异步发电机的构造

鼠笼型异步发电机主要由鼠笼型转子绕组和定子绕组构成。图 3.13 所示为鼠笼型异步发电机的构造，转子绕组中的导体为嵌入线槽中的铜条，铜条的两端用短路环连接而成，转子绕组因其形状像鼠笼而得名。定子绕组为三相绕组，当该绕组供给交流电时产生旋转磁场，而在原动机的驱动下产生三相交流电能。

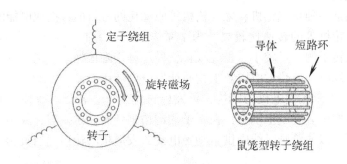

图 3.13　鼠笼型异步发电机的构造

2. 三相异步发电机的发电原理

图 3.14 所示为三相异步发电机的定子铁芯和定子绕组的构成。在定子铁芯中配置有 a、b、c 三个线圈，相互之间互差 120° 电角度。在鼠笼型异步发电机中，流入定子绕组的三相交流电流产生旋转磁场，在转子的导体中产生感应电流和转矩，在水轮机等原动机的驱动下发电机的转子做旋转运动，当转子的旋转速度高于定子的旋转磁场的速度时异步发电机发电输出电能。由于转子的旋转速度比定子旋转磁场要快，存在转差不同步，所以称为异步发电机。

图 3.15 所示为定子绕组中的三相交流电流波形与旋转磁场。当三相交流电流流过定子绕组时会产生磁力，在 $t = t_1$ 时刻，流过线圈 a 的电流为 I_m，而流过线圈 b 和线圈 c 的

电流为 $-I_m/2$，流过线圈 a、b、c 的电流分别产生磁力 F_a、F_b 和 F_c，合成磁力为 F_0，其方向与线圈 a 的轴方向相同。

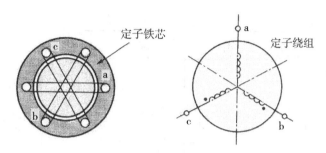

图 3.14 三相异步发电机定子铁芯和定子绕组的构成

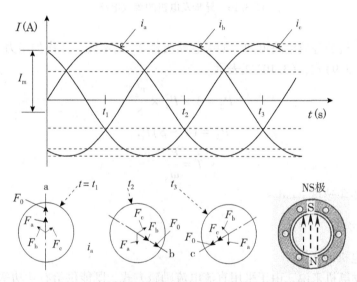

图 3.15 定子绕组中的三相交流电流波形与旋转磁场

同样地，当 $t = t_2$，t_3 时，线圈电流最大的线圈的轴与合成磁力 F_0 的轴方向相同，合成磁场随时间旋转，磁场旋转一周正好与交流电流的一个周期一致。另外，最下面的图中的右图表示 $t = t_1$ 瞬时的磁通分布，它可形成 N，S 极。由此可知三相绕组流过三相交流电流时可产生旋转磁场。

异步发电机的等效电路如图 3.16 所示，设 r_1 为 1 次线圈（定子）电阻，X_1 为 1 次线圈电抗，r'_2 为 2 次（转子）线圈电阻换算成 1 次的线圈电阻，X'_2 为 2 次线圈电抗换算成 1 次的线圈电抗，X_m 为耦合电抗。机械输入 P'_2 可用下式表示。

$$P'_2 = I'^2_1 \times \frac{(1-S)}{S} \times X'_2 \qquad (3.7)$$

异步发电机的转差率 S 由（3.8）式定义，其中 N_s 为同步转速，r/m；N 为转子转速，r/m。

$$S = \frac{N_s - N}{N_s} \times 100\% \tag{3.8}$$

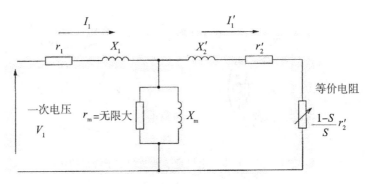

图 3.16　异步发电机的等效电路

由异步发电机的等效电路可知，如果忽略流经 X_m 的电流，二次的出力 P_2 与机械输入 P_2' 的关系可用(3.9)式，(3.10)式表示。

$$P_2 = 3 \times I_1'^2 \times \frac{r_2'}{S} \tag{3.9}$$

$$P_2' = (1 - S)P_2 \tag{3.10}$$

转矩为

$$T = \frac{P_2'}{\omega_N} \tag{3.11}$$

式中，ω_N 为同步角速度，rad/s。

3. 发电机比较

1）各种发电机的比较

对于同步发电机来说，由于采用直流电流励磁方式，既能供给有功功率，也能供给无功功率，可满足各种负载的需要。而异步发电机没有励磁线圈，结构简单，操作方便，但不能向负载供给无功功率，因此异步发电机运行时必须与其他同步发电机并联运行，以满足无功功率的需要。直流发电机由于需要使用换向器，因此结构复杂、价格较贵、易出故障、维修困难，效率也不如交流发电机，因此直流发电机的应用在逐渐减少。

2）水轮发电机与汽轮发电机的比较

在水力发电中，原动机为水轮机，使用水轮发电机发电。而火力发电和核能发电的原动机为汽轮机，发电则使用汽轮发电机。两者之间存在如下主要差异。

（1）转速存在差异。

发电机的转速 n（r/m）与频率 f（Hz）成正比，与磁极数 P 成反比，可用下式表示。

$$n = \frac{120f}{P} \tag{3.12}$$

由(3.6)式可知，发电机的转速高则容量大、体积小（发电机容量一定时），因此应尽量使用转速高、容量大的发电机。由于水轮发电机受水轮机的出力、有效落差（与比速有关）的影响，转速一般在 100~750r/m，采用 8~60 极的发电机。水轮机的转速最高为 1000r/m，可采用 6 极的发电机。而火力发电、地热发电等使用的汽轮发电机的转速一般为 3000r/m，使用 2 极的发电机。核能发电由于受蒸汽条件、燃料以及材料等限制，与火力发电相比蒸汽温度低、湿度大，所以转速一般为 1500r/m，采用 4 极的发电机。

（2）转子存在差异。

同步发电机的转子有隐极型和凸极型两种，如图 3.17 所示为三相二极发电机隐极型和凸极型转子示意图。由于汽轮发电机转速较高，离心力较大，对机械强度的要求较高，因此一般采用隐极型的转子。而在低速旋转的水轮发电机中一般采用凸极型转子，使用该转子时可通过增减磁极数满足转速的需要，设计比较容易，且具有飞轮的储能效果。

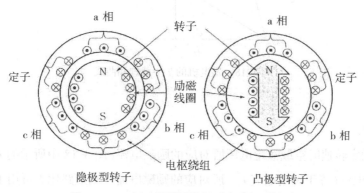

图 3.17　三相二极机的隐极型和凸极型转子

（3）轴方向存在差异。

汽轮发电机的转子较长，一般采用横轴形，而水轮发电机一般采用横轴形或立轴形。使用大容量发电机时需要考虑轴的弯曲、有效利用水的落差等因素，一般使用立轴形。在分布式发电中，一般使用中小型发电机，因此通常采用横轴形发电机。

（4）冷却方式存在差异。

由于大型汽轮发电机转速较高，内部温度较高，一般采用冷却效果较好的高氢冷却方式。而转速较低的水轮发电机一般采用空气冷却的方式，因而结构简单、成本较低。

3.2.3　发电机的电气特性

发电机的电气特性主要用空载饱和曲线、短路曲线、短路比、功率曲线等表示。空载饱和曲线用来描述励磁电流与发电机端电压之间的关系，短路曲线用来描述励磁电流与短路电流之间的关系，功率曲线用来描述发电机在保证安全运行前提下的发电出力。

1. 空载饱和曲线

空载饱和曲线是指发电机在空载、额定转速运行时，励磁电流 I_f 与发电机端电压 V 之间的关系。发电机的空载饱和曲线如图 3.18 所示，在端电压较低时，端电压与励磁电流之间成正比关系，如间隙曲线所示。而当端电压升高时，由于铁芯饱和的影响，端电压与励磁电流之间的关系如空载饱和曲线所示。当发电机的三相输出端短路，在额定转速运行时，励磁电流 I_f 与短路电流 I_s 之间的关系称为短路曲线。

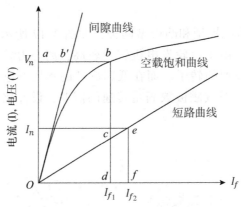

图 3.18　发电机的 7 空载饱和曲线

2. 短路比

设 I_{f_1} 为额定转速时空载额定电压所对应的励磁电流（图 3.18 中所示的 d 点），I_{f_2} 为三相短路时短路电流（等于额定电流 I_n）所对应的励磁电流，则短路比 k 可用下式表示。

$$k = \frac{I_{f_1}}{I_{f_2}} \tag{3.13}$$

发电机的短路比大则说明间隙大，表明磁路部分的铁损大于电枢绕组部分的铜损，因而发电机的铁损较大，而短路比小则铜损较大。短路比大的发电机的发电效率低、成本高，但电压变动率小、过渡稳定性好。水轮发电机的短路比一般为 0.9~1.2，汽轮发电机的一般为 0.6~1.0，近来由于采用快速响应励磁方式，可使用短路比更小的汽轮发电机发电。

3. 发电机功率曲线

当发电机的端电压一定时，发电机的安全运行极限范围可用图 3.19 所示的发电机功率曲线来表示。图中横轴 P 为有功功率，纵轴 Q 为无功功率。图中 AB 线段为励磁电流一定时的功率曲线，是与转子的励磁线圈的温度上升有关的极限范围；图中 BC 线段为定子的电枢绕组电流一定时的功率曲线，是与电枢绕组的温度上升有关的极限范围；CD 线段为与发电机定子端部的温度上升有关的极限范围。发电机功率曲线表明，发电机运行会受到转子励磁绕组长期允许发热、定子电枢绕组长期允许发热、原动机功率以及稳定极限范围等方面的限制，以保证发电机的正常工作。

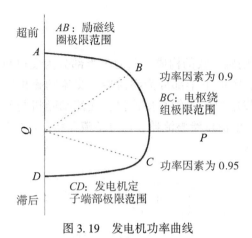

图 3.19　发电机功率曲线

3.2.4　励磁系统

励磁系统对发电机、系统并网以及电力系统的正常运行非常重要。励磁系统包括励磁电源和励磁装置两部分，其中励磁电源有励磁机和励磁变压器，励磁机指励磁发电机；励磁装置是指对励磁电流进行控制和调节的电气调控装置，其作用是发电机运行时，按主机负荷情况供给和自动调节励磁电流，使发电机端电压保持一定和输出无功功率；发电机并列运行时，使无功功率分配合理；当系统发生突然短路故障时，对发电机进行强行励磁，以提高系统运行的稳定性，短路故障切除后，使电压迅速恢复正常；当发电机负荷突减时，能进行强行减磁，以防止电压过高；发电机发生内部故障时，能对发电机进行自动减磁或灭磁。

1. 励磁方式

励磁方式可分为直流励磁方式、交流励磁方式(包括整流器方式、无刷励磁方式)以及可控硅励磁方式。这里主要叙述通常使用的无刷励磁方式和可控硅励磁方式。

直流励磁方式利用直流发电机(即励磁机)作为励磁装置的电源，直接为励磁装置供给直流电流。这种方式存在励磁机容量不足、整流子的运行维护不便等问题。

交流励磁方式有两种，一种是由励磁用同步发电机和整流器构成的整流器方式；另一种是由与主发电机同轴的励磁用同步发电机和整流器构成，直接给主发电机的励磁线圈供给直流励磁电流的无刷励磁方式。无刷励磁方式不使用整流子、滑环以及电刷等，运行维护比较方便，但由于沿主轴需要配置旋转整流器，因此结构比较复杂。无刷励磁方式被广泛用于发电机的励磁系统。

可控硅励磁方式也可分为两种，一种是利用可控硅技术将发电机的一部分输出电流进行整流，直接为励磁线圈供给直流电流的励磁方式；另一种是由励磁变压器和可控硅整流器构成的可控硅励磁方式。可控硅励磁方式是一种快速响应励磁方式，适用于大型发电机。

2. 无刷励磁方式

图 3. 20 所示为无刷励磁方式的构成。图的上半部分为发电机的定子、交流励磁机线圈以及自动电压调器等，图的下半部分为整流器、交流励磁机电枢绕组等。交流励磁机（励磁用同步发电机）与发电机的主轴直接连接，交流励磁机与旋转整流器组合而成。交流励磁机电枢绕组的交流电流供给整流器，通过整流器将交流电转换成直流电，然后供发电机的励磁线圈产生磁场。

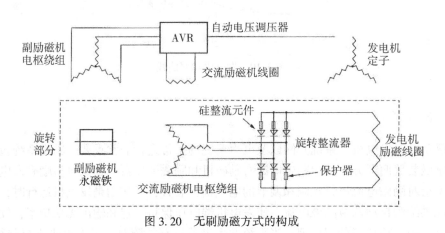

图 3. 20　无刷励磁方式的构成

3. 可控硅励磁方式

图 3. 21 所示为由励磁变压器和可控硅整流器构成的可控硅励磁方式。可控硅励磁电路主要由可控硅整流器、励磁线圈、励磁变压器、电压互感器以及自动电压调整器等组成。该可控硅励磁方式利用励磁变压器的输出电流直接供可控硅整流器进行整流，为发电机的励磁线圈提供励磁电流。励磁变压器的输入使用发电机主电源或发电站内的电源。

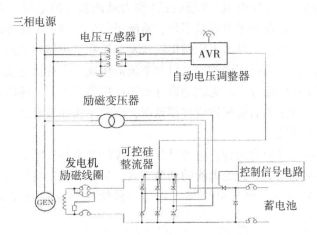

图 3. 21　可控硅励磁方式的构成

由于这种可控硅励磁方式使用可控硅整流器直接控制发电机的励磁电流，因此响应速度非常快，是一种快速响应励磁方式，该方式不存在直流励磁方式中的整流子的损耗等问题，因此运行维护比较容易。发电站与电网并网时，为了提高系统的稳定性，应尽量降低发电机的电压变动率。使用快速响应励磁方式可直接、迅速控制发电机的励磁电流，使发电站与电网实现平稳并网。

3.2.5 控制装置

在励磁装置中一般设有自动电压调整器(AVR)和电力系统稳定器(PSS)。自动电压调整器用来控制发电机的端电压，当负载变化时使发电机的端电压保持一定；电力系统稳定器的主要作用是给电压调节器提供附加控制信号以抑制有功振荡，提高电力系统稳定性。

励磁装置一般在大中型发电机中使用，在小型发电机中一般使用永磁铁产生旋转磁场，因此可省去励磁装置。使用同步发电机发电时，一般使用自动电压调整器对同步发电机的励磁进行控制，即通过调整无刷励磁装置或可控硅励磁装置等的励磁电流，使发电机的输出电压保持一定。

3.2.6 发电机的应用

由于原动机和功率的差异，发电方式可分为水力发电、汽轮机发电、燃气轮机发电以及内燃机发电等。发电方式不同所使用的发电机也不同，在分布式发电中，可分为水力发电、风力发电、海洋能发电(指潮汐发电、波浪发电等)用发电机以及热能发电用发电机等。

1. 水力发电、风力发电以及海洋能发电用发电机

由于水力发电、风力发电、潮汐发电、波浪发电等发电时发电机的转速较低，因此发电机一般采用每分钟几十至几百转的多磁极三相同步发电机。在水力发电中一般使用三相同步发电机，水轮发电机的转速在 1000r/m 以下，磁极数为 4~10 个，一般采用凸极型转子，直径大、轴向短。水轮机直接驱动三相同步发电机发电时，由于其输出电压较低，需要利用变压器将三相同步发电机的电压升高至与输电线匹配的电压，然后经输电线输出电能。

水轮发电机的转速决定交流电的频率，为了使频率稳定，必须使转子的转速稳定，可采用闭环控制的方式对水轮机的转速进行控制。其方法是对发出的交流电的频率信号进行采样，并将其反馈到控制水轮机导叶开度的控制系统控制水轮机的出力，利用反馈控制原理对水力发电机组进行控制，使发电机的转速稳定。

风力发电用发电机一般使用交流发电机，交流发电机有鼠笼型异步发电机、绕组型异步发电机以及同步发电机三种。与同步发电机相比，异步发电机具有结构简单、体积小、重量轻、成本低、容易并网等特点，在风力发电中被广泛使用。此外，潮汐发电一般使用水轮发电机，如灯泡式水力发电机组等。

2. 热能发电用发电机

热能发电主要有汽轮机发电、太阳能光热发电、生物质能发电、地热发电以及燃气轮机发电等，为了提高综合效率，一般采用转速较高的交流同步发电机或异步发电机。

火力发电使用汽轮机组（包括汽轮机和发电机），利用燃烧煤炭、石油、天然气等燃料加热水所产生的蒸汽发电。汽轮机发电利用汽轮机将蒸汽的能量转换成旋转的能量驱动发电机发电。汽轮机发电被广泛用于火力发电、核能发电、太阳能光热发电、地热发电以及生物质能发电等。

太阳能光热发电有塔式、槽式以及蝶式等方式，这些发电方式中所使用的发电机与汽轮发电机基本类似；生物质能发电利用生物质能的热能发电，一般使用磁极数较少的发电机；地热发电一般采用与火力发电相同的发电机，发电机磁极数较少；核能发电使用三相同步发电机，转速为 1500r/m，磁极数为 4，采用平极型，转子沿轴向较长、直径较小。

燃气轮机发电时，在燃气轮机燃烧室内直接燃烧燃料，利用燃烧产生的高温高压燃气驱动多级叶片产生动力，旋转速度较高，一般使用 2 极或 4 极的发电机发电。

3.3　逆变器

3.3.1　逆变器的构成

在分布式发电系统中，为了将太阳能光伏发电等产生的直流电转换成交流电，将分布式发电系统接入电网等，需要使用并网逆变器。并网逆变器主要由逆变器、自动并网装置、系统保护装置、孤岛运行监控装置等组成，其中逆变器用来将直流电转换成交流电。图 3.22 所示为逆变器的构成，该逆变器主要由桥式电路、电容器、电抗器、滤波器等组成。通过桥式电路将直流电转换成交流电，并对交流电进行滤波后送入电网。

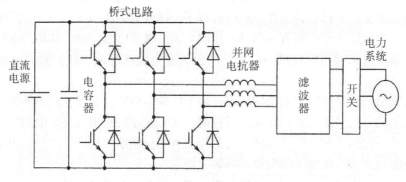

图 3.22　逆变器的构成

3.3.2　逆变器的工作原理

图 3.23 所示为利用脉宽调制控制方式的逆变器工作原理。载波信号为三角波，调制

信号为正弦波，使用脉宽调制（PWM）技术对逆变器的 IGBT 开关元件进行控制，使其有规则地高速重复开、关，产生脉冲序列输出电压。由于逆变器的输出电压波形不能满足需要，因此一般需要采用高频脉宽调制，使靠近正弦波两端的电压宽度变窄，正弦波中央的电压宽度变宽，并在半周期内始终让开关元件按一定频率同向动作，这样形成一个正负半波对称的 PWM 脉冲序列，然后通过滤波器滤波将其变成正弦波，将直流电转换成大小可调、相位可变的交流电。

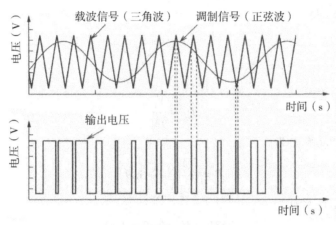

图 3.23 逆变器的工作原理

3.3.3 并网逆变器并网原理

并网逆变器并网原理如图 3.24 所示。并网电路由直流电源、并网逆变器、并网电抗以及电网等构成。其中直流电源可以是太阳能光伏发电系统的直流输出或燃料电池等的直流输出。

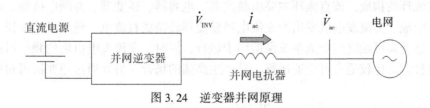

图 3.24 逆变器并网原理

设并网逆变器的输出电压为 $\dot{V}_{INV}$，与并网电抗器连接的系统侧的输出电压为 $\dot{V}_{ac}$，$\dot{V}_{INV}$ 和 $\dot{V}_{ac}$ 之间的相位差为 θ，流经并网电抗器的电流为 $\dot{I}_{ac}$，电压为 $\dot{V}_L$，并网电抗器的电抗为 X，则电压、电流以及相位差之间的关系如图 3.25 所示。

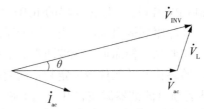

图 3.25 电压、电流以及相位差之间的关系

并网电抗器的电压为

$$\dot{V}_{\mathrm{L}} = \dot{V}_{\mathrm{INV}} - \dot{V}_{\mathrm{ac}} \tag{3.14}$$

输出电流 $\dot{I}_{\mathrm{ac}}$ 为

$$\dot{I}_{\mathrm{ac}} = \frac{\dot{V}_{\mathrm{L}}}{jX} \tag{3.15}$$

并网逆变器的有功功率 P 为

$$P = \frac{3\,V_{\mathrm{INV}}\,V_{\mathrm{ac}}}{X}\sin\theta \tag{3.16}$$

并网逆变器的无功功率 Q 为

$$Q = \frac{3V_{\mathrm{ac}}(V_{\mathrm{INV}}\cos\theta - V_{\mathrm{ac}})}{X} \tag{3.17}$$

由(3.16)式和(3.17)式可知,通过调整相位差 θ 可控制太阳能光伏发电系统等并网系统的有功功率和无功功率,实现其与电网并网。

3.4 直流环方式

直流环方式主要在风力发电系统中使用,可用来将风力发电系统接入电网。图 3.26 所示为直流环的构成,该直流环主要由整流器、电容器、逆变器、并网电抗器、滤波器以及开关等组成。交流发电机发出的交流电经整流器转换成直流电,然后经逆变器再转换成交流电。逆变器可始终与交流系统保持同步运行,同时,交流发电机侧的频率可进行任意设定。这种方式比较适合可变速运行、易产生高频的场合。另外通过逆变器可对风力发电

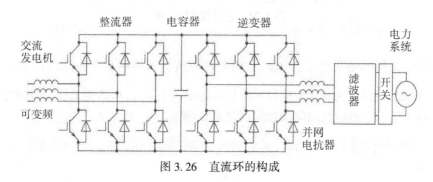

图 3.26 直流环的构成

系统的出力、频率进行控制，实现与电网的顺利并网。

3.5 分布式发电系统与电网并网

3.5.1 分布式发电系统与电网并网方式

分布式发电系统除了离网运行之外一般需要与电网并网运行，并网方式与分布式发电种类、发电机等有关。分布式发电的种类较多，利用可再生能源发电的有小型水力发电、风力发电、地热发电、生物质能发电、太阳能光伏发电以及海洋能发电(如潮汐发电)等。利用化石能源发电的有柴油机发电、汽油机发电、汽轮机发电、燃气轮机发电、燃料电池等。另外还有蓄电池等电池储能装置。分布式发电一般使用交流同步发电机、交流异步发电机。

根据分布式发电种类和发电形式等的不同，其接入电网的方式也不同。常见的并网系统主要有三种，即交流发电交流并网系统、交流发电逆变器并网系统以及直流发电并网逆变器并网系统。表3.1所示为可再生能源发电与电网并网方式，表3.2所示为化石能源发电和电池储能装置与电网并网方式。

表 3.1 可再生能源发电与电网并网方式

种类	发电形式	并网方式
小型水力发电	工频交流	交流同步发电机 交流异步发电机
风力发电	工频交流	交流异步发电机
	变频交流	逆变器
地热发电	工频交流	交流同步发电机
废弃物发电	工频交流	交流同步发电机
太阳能光伏发电	直流	逆变器

表 3.2 化石能源发电和电池储能装置与电网并网方式

种类	发电形式	并网方式
柴油机发电 汽油机发电 燃气轮机发电	工频交流	交流同步发电机
微型燃气轮机发电	高频交流	逆变器
小容量燃气发动机发电	工频交流	逆变器
燃料电池发电	直流	逆变器
电池储能装置	直流	逆变器

3.5.2　发电方式与并网系统的构成

图 3.27 所示为交流发电交流并网系统。小型水力发电一般使用交流同步发电机或交流异步发电机,地热发电和废弃物发电一般使用交流同步发电机,风力发电一般使用交流异步发电机,他们发出的电能均为工频交流电,因此这些发电机可直接与电网并网。

图 3.28 所示为交流发电逆变器并网系统。如果风力发电为变频交流电,则需通过并网逆变器与电网并网。另外,微型燃气轮机发电的输出为高频交流电,也需要通过并网逆变器与电网并网。

图 3.29 所示为直流发电并网逆变器并网系统。太阳能电池、燃料电池以及蓄电池的输出为直流电,需要将直流电转换成交流电,因此一般经并网逆变器并网系统与电网并网。

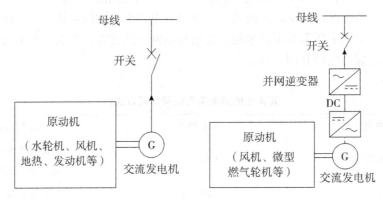

图 3.27　交流发电交流并网系统　　图 3.28　交流发电逆变器并网系统

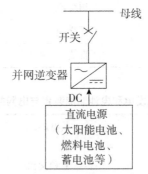

图 3.29　直流发电并网逆变器并网系统

第4章 汽油机发电和柴油机发电

在使用热能发电的分布式发电系统中，热能主要来源于化石燃料、太阳热能、地热能、生物质能等，一般使用内燃机、汽轮机、燃气轮机等原动机将热能转换成机械能。根据所使用的燃料不同，其发电类型也不同，如柴油可供柴油机发电(diesel engine power generation)，汽油用于汽油机发电(gasoline engine power generation)，太阳热能和地热能等用于汽轮机发电，生物质能用于汽轮机、燃气轮机以及燃料电池等发电。

汽油机具有转速高、重量轻、噪声小、启动容易、制造和维修费用低等特点，可用于轿车、中小型货车以及分布式发电等。柴油机启动停止比较容易、燃料使用方便、建设安装工期短、热效率高、扭矩大，但由于工作时做往复运动，因此存在噪声大、输出力矩脉动、转速较汽油机低、重量较重等问题。汽油机发电和柴油机发电可作为分布式电源使用，也可与太阳能光伏发电、风力发电等分布式发电进行组合构成混合发电系统，实现互补，提供稳定的电能。

本章主要介绍汽油机和柴油机的结构、特点、工作原理、工质循环以及在分布式发电方面的应用等。

4.1 热机

4.1.1 热机及工质循环种类

热机是一种通过发动机内部的工质循环变化将热能转换成动力的装置。根据工质热利用方式的不同，热机可分为内燃机和外燃机两种。另外，为了提高热效率，系统中可分别设置高温侧热机和低温侧热机，使低温侧热机利用高温侧热机的排热工作，这种工质的循环方式称为联合循环方式。表4.1列举了各种热机及工质循环种类。

表4.1 各种热机及工质循环种类

分　类		工质循环种类	热机
内燃机	往复式	奥托循环 柴油机循环	汽油机 柴油机
	旋转式	布雷顿循环 喷气式发动机循环	燃气轮机 喷气式发动机

续表

分　类		工质循环种类	热机
外燃机	往复式	斯特林循环	斯特林发动机
	旋转式	朗肯循环 再生再热循环	汽轮机发电 地热等发电
内燃机	旋转式	顶部循环	燃气轮机与汽轮机
外燃机	旋转式	底部循环	组合发电

4.1.2　内燃机与外燃机

化石能源分布式发电一般使用内燃机、外燃机、燃料电池等。内燃机是一种动力装置，可分为往复式发动机(又称往复活塞式发动机)、燃气轮机等，其中往复式发动机一般指汽油机和柴油机。图4.1所示为内燃机发电的过程。内燃机所使用的热源来自其内部，即在发动机的内部使柴油等液体燃料燃烧，将热能直接转换成动力，然后驱动发电机发电。

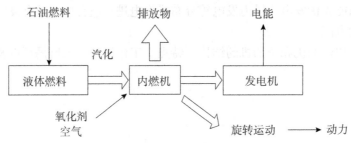

图4.1　内燃机发电的过程

根据燃烧模式的不同，内燃机又可分为断续燃烧的往复式发动机和连续燃烧的燃气轮机两种。内燃机获得动力的方式有两种，一种是活塞式，另一种是涡轮式。活塞式发动机将工作气体的能量转换成活塞的往复运动，而在涡轮式发动机中，则使工作气体作用于涡轮叶片产生旋转的机械能。

内燃机工作时在发动机内部使燃料燃烧，将气体加热驱动发电机发电。往复式发动机的单机容量为数 kW~80MW，热效率可达50%，可在分布式发电系统中使用，作为离岛电源、应急电源、宾馆和医院等的备用电源等。可进行热电联产，即利用柴油机等近400℃的高温排气将水加热，同时提供电能和热水，作为热电联产设备其综合热效率可达85%以上。

外燃机主要包括汽轮机和斯特林发动机等，热源来自其外部，如使用锅炉将水加热产生的高温高压水蒸气。汽轮机将高温高压水蒸气的热能转化为机械能驱动发电机发电；而斯特林发动机又称热气机，它通过燃烧燃料并加热循环工质氦等，使热能转化为机械能，驱动发电机发电。

4.2 汽油机发电

4.2.1 汽油机的结构

汽油机的活塞在气缸内往复运动时，从气缸的一端运动到另一端的过程称为一个冲程。完成吸气、压缩、燃烧膨胀以及排气称为一个工作循环。发动机的曲轴旋转一周完成一个工作循环的称为 2 冲程，而曲轴旋转二周完成一个工作循环的称为 4 冲程。

图 4.2 所示为往复活塞式汽油机的结构。该汽油机可分为 4 冲程和 2 冲程两种，主要由火花塞、气缸、活塞、吸气阀、排气阀、连杆机构以及曲轴等组成。火花塞是汽油机点火系统中的部件，主要由螺母、绝缘体、螺杆、中心电极、侧电极以及外壳等组成，其作用是利用高压电流使气缸内产生电火花，点燃可燃混合气体燃烧；气缸为圆筒形金属部件，其功能是引导活塞在缸内进行直线往复运动，气体在气缸中被活塞压缩后压力升高，气缸中的气体膨胀将热能转化为机械能；活塞主要由活塞顶、活塞头和活塞裙 3 个部分组成，与气缸盖、气缸壁共同构成燃烧室，主要作用是承受气缸中燃气燃烧所产生的压力，并将此压力通过活塞销和连杆机构传给曲轴；连杆机构是用来传递力、将直线运动转换成旋转运动的传动机构；曲轴将连杆机构的力转变为转矩，并驱动发动机上其他部件工作。

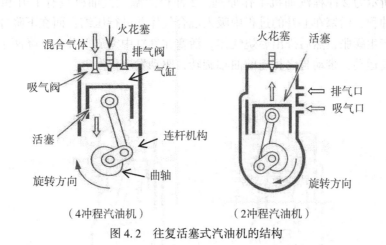

图 4.2　往复活塞式汽油机的结构

4.2.2 汽油机的工作原理

图 4.3 所示为 4 冲程活塞式汽油机的工作原理。活塞在气缸中工作可分为 4 个冲程，即吸气、压缩、燃烧膨胀以及排气。在吸气冲程，进气阀打开，排气阀关闭，活塞向下运动，燃气和空气的混合气体被吸入气缸；在压缩冲程，进气阀和排气阀均关闭，活塞向上运动，混合气体被压缩，当活塞运动至终点时压缩冲程结束，将机械能转化为内能；在燃烧膨胀冲程(又称为做功冲程)，火花塞点燃混合气体，燃烧气体急剧膨胀并推动活塞向下运动，将内能转化为机械能；在排气冲程，排气阀打开，活塞向上运动排出燃烧后的废

气，当活塞运动至终点时排气阀关闭。

由此可见，在吸气、压缩、燃烧膨胀以及排气的过程中，活塞在气缸中做上下往复运动，由于活塞与连杆机构相连，在连杆机构的作用下活塞的上下往复运动被转换成旋转运动，并带动与之相连的曲轴旋转，驱动与曲轴连接的发电机发电。

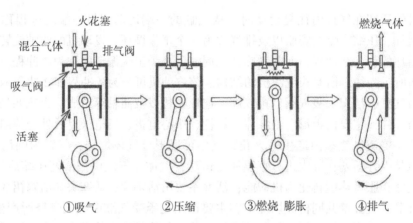

图 4.3　4 冲程汽油机工作原理

图 4.4 所示为 2 冲程汽油机工作原理。2 冲程活塞式汽油机只有上升和下降两个冲程。在上升冲程，活塞在上升的过程中吸入混合气体并进行压缩；而在下降冲程，将燃料点火燃烧并产生膨胀，然后排出燃烧气体。活塞在气缸中完成上升和下降两个冲程的过程中做上下往复运动，带动与之相连的曲轴旋转，驱动发电机发电。

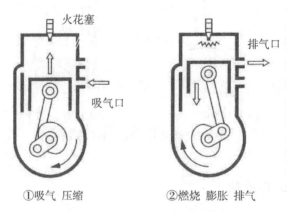

图 4.4　2 冲程汽油机工作原理

4.2.3　汽油机奥托循环 P-V 曲线

内燃机和外燃机利用热能对外做功，将热能转换成机械能，可用卡诺循环（Carnot cycle）进行描述。卡诺循环是指从高温热源获得热量 Q_1，然后对外做功（$W = Q_1 - Q_2$），

最后排出低温热量 Q_2。假定高温热源的绝对温度为 T_1，低温热源的绝对温度为 T_2，则循环效率 η 为

$$\eta = \frac{W}{Q_1} = \frac{Q_1 - Q_2}{Q_1} = 1 - \frac{Q_2}{Q_1} = 1 - \frac{T_2}{T_1} \tag{4.1}$$

奥托循环(Otto cycle)用来描述汽油机的循环。图 4.5 所示为汽油机奥托循环 P-V 曲线。该循环包括绝热压缩、定容加热、绝热膨胀和定容放热四个过程。根据奥托循环可对汽油机进行理论分析和循环效率等的计算。

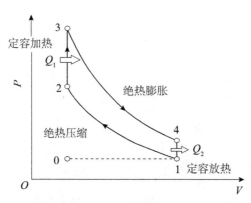

图 4.5 汽油机奥托循环 P-V 曲线

4.2.4 汽油机的效率

汽油机循环的理论热效率 η_{th} 可用输入热量 Q_1 与所做功 W 的比表示。

$$\eta_{\mathrm{th}} = \frac{W}{Q_1} = \frac{Q_1 - Q_2}{Q_1} = 1 - \frac{Q_1}{Q_1} \tag{4.2}$$

$$= 1 - \frac{1}{\epsilon^{K-1}} \tag{4.3}$$

式中，比热比 $K = C_P/C_V$，其中 C_P 为定压比热，C_v 为定容比热；$\epsilon = V_1/V_2$ 为压缩比。V_1 为图 4.5 中曲线上点 1 处的容积，V_2 为图 4.5 中曲线上点 2 处的容积。压缩比为气缸总容积与燃烧室容积之比，其值直接影响混合气体的形成和燃烧。比热比 K 一般由所使用的燃料决定，难以进行调整。如果要提高热效率可通过增大压缩比来实现，但压缩比过大可能会导致在压缩过程中因气温过高而在火花塞被点火之前自燃着火，产生异常燃烧导致发动机破损等，因此汽油机的压缩比一般为 9~10。

4.3 柴油机发电

4.3.1 柴油机的工作原理

柴油机主要由活塞、气缸、曲轴及连杆机构等构成。图 4.6 所示为 4 冲程活塞式柴油

机的工作原理。柴油机工作时，进入气缸中的空气被压缩，在活塞上止点时产生高温高压气体。在活塞接近上止点时，喷油嘴向气缸燃烧室喷射燃油形成细微的油粒，并与高温高压气体混合形成可燃混合气体，该气体自燃（即压燃）、膨胀产生爆发力，推动活塞做功。

活塞在吸气、压缩、燃烧膨胀以及排气的过程中做上下往复运动，连杆机构将活塞的上下往复运动转换成旋转运动，驱动曲轴如图中箭头所示的顺时针旋转，直接或通过传动带驱动发电机发电。压缩空气的压力越高则热效率也越高，压力为 3~4 个大气压时热效率可达 30%~38%，如果回收柴油机的废热，综合效率可达 85% 以上。

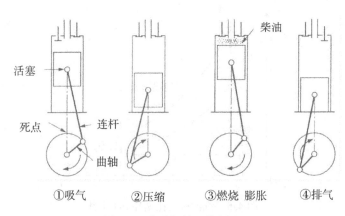

图 4.6 柴油机的工作原理

4.3.2 柴油机循环的 P-V 曲线

狄塞尔循环（Diesel cycle）又称柴油机循环，它用来描述最典型的四冲程柴油机循环。它有绝热压缩、绝热膨胀、定压加热和定容放热四个过程。图 4.7 所示为柴油机循环的 P-V 曲线。

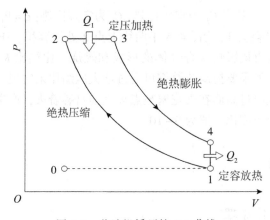

图 4.7 柴油机循环的 P-V 曲线

4.3.3 柴油机的效率

柴油机循环的理论热效率 η_{th} 可用输入热量 Q_1 与所做功 W 的比表示。

$$\eta_{th} = \frac{W}{Q_1} = 1 - \frac{Q_2}{Q_1} \tag{4.4}$$

$$= 1 - \frac{1}{\epsilon^{K-1}} \frac{\sigma^K - 1}{K(\sigma - 1)} \tag{4.5}$$

式中，初膨胀比 $\sigma = V_3/V_2$；V_3 为图 4.7 中曲线上点 3 处的等压加热后容积，V_2 为图 4.7 中曲线上点 2 处的等压加热前容积。

由上两式可知，为了提高柴油机循环的理论热效率，可增大压缩比 ϵ 或减小初膨胀比 σ。由于难以使初膨胀比 σ 固定在较小的值上，因此只能通过调整压缩比来提高理论热效率。柴油机压缩比一般为 $17\sim23$。

4.3.4 内燃机的热效率

图 4.8 所示为内燃机的理论热效率，该曲线表示比热比 $K = 1.4$ 时，汽油机循环和柴油机循环的理论热效率。由图可知，初膨胀比小则理论热效率高。另外，若要提高汽油机循环和柴油机循环的理论热效率可通过增大压缩比来实现，由于柴油机循环可在高压缩比的条件下运转，所以理论热效率较高。

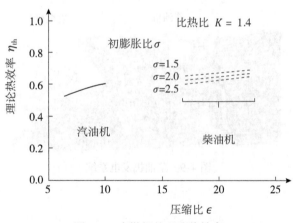

图 4.8　内燃机的理论热效率

4.3.5 柴油机与汽油机的比较

柴油机使用柴油作为燃料，柴油的黏度比汽油大，不容易蒸发，自燃温度比汽油低，因此可燃混合气体的形成及点火方式都与汽油机有所不同，柴油机与汽油机相比有如下的许多不同之处。

（1）柴油机扭矩大、经济性能好；

（2）柴油机通过喷油嘴将柴油直接喷入发动机气缸内，而汽油机则将汽油喷入进气

管,同空气混合成可燃混合气体后再进入气缸;

(3)点火方法不同,柴油机采用压缩点火方法,即将燃料喷射到高温压缩空气中自燃点火的方法,而汽油机则使用火花塞点火的方法;

(4)热循环不同,柴油机的热循环为绝热压缩、定压加热、绝热膨胀和定容放热,而汽油机的热循环为绝热压缩、定容加热、绝热膨胀和定容放热;

(5)柴油机主要用于汽车、从小型到大型发电系统等,容量在 800MW 左右,而汽油机一般用于小型汽车、小型发电系统的场合;

(6)柴油机的排气温度可达 400℃ 左右,利用这部分高温热源可将水加热,在发电的同时还可提供热水,可进行热电联产,其综合热效率可达 85% 以上。

4.3.6 柴油机发电系统

柴油机启动停止比较容易、燃料使用方便、建设安装工期短、热效率高、扭矩大,但由于做功时做往复运动,因此存在噪声大、输出力矩脉动、转速较汽油机低、重量较重等问题。

图 4.9 所示为柴油机发电系统。图中的左侧部分为柴油机、右侧部分为发电机,发动机的单机容量一般在数 kW ~ 80MW,热效率可达 50%。柴油机发电运行安全,可实现无人运行。作为分布式电源,可用作岛屿的电源、停电和救灾等应急电源以及宾馆、医院等的备用电源等。

图 4.9 柴油机发电系统

第5章　燃气发动机和燃气轮机发电

燃气发动机和燃气轮机都是内燃机，可使用天然气、甲烷、氢气等作为燃料，但二者的结构和工作原理截然不同。燃气发动机有点燃式、非均质压缩式以及双燃料式等种类。点燃式燃气发动机类似汽油机，采用往复活塞式结构，但汽油机使用汽油作为燃料，而燃气发动机则使用天然气、氢气等作为燃料。有关燃气发动机的结构和工作原理可参考第4章"柴油机发电和汽油机发电"的有关内容，这里着重介绍燃气轮机。

燃气轮机使用涡轮将燃气的热能转换成旋转的机械能，驱动发电机发电。燃气轮机发电（gas turbine power generation）具有出力大、可使用多种燃料、排放低、可回收排热再利用、综合效率高、结构简单、重量轻、维护保养方便、负荷跟踪性能好等特点，可用于分布式发电、联合循环发电以及热电联产等，可在节能、环保等方面发挥重要作用。

本章主要介绍燃气轮机的结构、发电原理、特点、联合循环发电系统、微型燃气轮机发电系统的构成以及热电联产系统等。

5.1　燃气轮机发电

燃气轮机是一种内燃机，它通过燃气涡轮将高温高压燃气的热能转换成机械能。燃气轮机发电使用天然气、甲烷、汽油、柴油等燃料，燃气轮机中的燃烧器连续燃烧燃料，产生高温高压燃烧气体（即燃气），该燃气直接作用于燃气轮机的涡轮产生旋转运动，驱动汽轮发电机发电。

5.1.1　燃气轮机的结构

燃气轮机的结构如图 5.1 所示，它由压缩机、燃烧器、燃气涡轮、输出涡轮以及输出轴等构成。压缩机将吸入的气体加压，燃烧器燃烧燃料产生高温高压燃气，燃气涡轮将来自燃烧器的高温高压燃气的能量转换成旋转的机械能并驱动发电机发电，同时驱动同轴相连的压缩机工作。

燃气轮机的排热方式可分为两种，一种是开放型，燃气轮机做功后的排热直接向大气排放。另一种是密闭型，燃气轮机的排热经热交换器冷却后再循环利用。图 5.2 所示为开放型燃气轮机的构成。

5.1.2　燃气轮机的发电原理

燃气轮机发电与汽轮机利用高温高压蒸汽发电不同，燃气轮机是一种将高温高压燃气的能量直接转换成机械能的装置。图 5.3 所示为燃气轮机的发电原理。燃气轮机吸入空气，压缩机将吸入的空气进行压缩，在燃烧器内压缩气体与燃气混合燃烧产生高温高压燃气，涡轮在高温高压燃气的作用下产生旋转的机械能，驱动发电机发电，做功后的废热被排向大气。一般来说，燃气轮机的输出功率的 50% 用于驱动压缩机，剩下的 50% 用于发电。

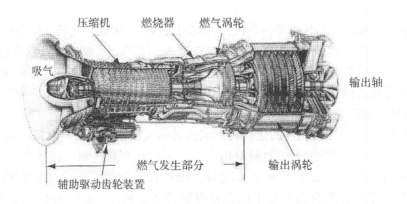

图 5.1　燃气轮机的结构

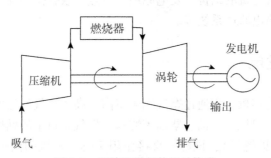

图 5.2　开放型燃气轮机的构成

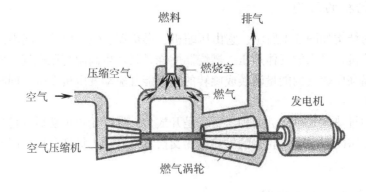

图 5.3　燃气轮机的发电原理

燃气轮机发电时，燃料在燃烧室内直接燃烧，所产生的高温高压燃气驱动多级叶片产生动力，因而燃气轮机的转速较高，一般采用 2 极的发电机。柴油机等往复式发动机工作时，吸气、压缩、燃烧膨胀和排气等冲程在同一气缸内间歇完成，而在燃气轮机中同样有吸气、压缩、燃烧、膨胀和排气的工作过程，但这些工作过程在燃气轮机各部分同时进行。

5.1.3　燃气轮机发电的特点

燃气轮机发电可作为分布式电源使用，为楼宇、工商业设施、公共设施等提供电能，也可作为防灾时的应急电源使用。虽然燃气轮机发电的燃料费较高，年利用率较低，但由于其负荷跟踪性能较好，所以在昼间峰荷时也可作为调峰电源使用。燃气轮机发电与往复式发动机发电相比具有如下的特点

(1)发电功率大；

(2)可使用多种清洁燃料，二氧化碳等气体排放低；

(3)启动停止时间短、负荷响应特性好；

(4)热效率低，但排热温度较高，可达 600℃，如果回收排热再利用，则综合效率较高；

(5)重量轻、结构简单、维护保养比较方便；

(6)安装成本低；

(7)发电燃料费较高、年利用率较低。

5.1.4　燃气轮机的效率

布雷顿循环(Brayton cycle)用来描述燃气轮机的理想热循环。图 5.4 所示为布雷顿循环的 T-S 曲线，该循环由压缩机的绝热压缩、燃烧器的定压加热、燃气涡轮的绝热膨胀和向大气排热的定压放热四个过程组成。其路径分别为：压缩机的路径Ⅰ(绝热压缩)；燃烧器的路径Ⅱ(定压加热(压力 P_{II}))；燃气涡轮的路径Ⅲ(绝热膨胀)；排气的路径Ⅳ(定压放热(压力 P_{IV}))。

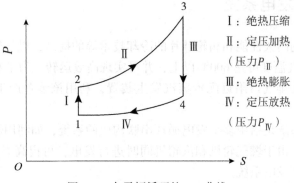

图 5.4　布雷顿循环的 T-S 曲线

路经 Ⅱ 所吸收的热量为

$$Q_{\mathrm{II}} = U_3 - U_2 + P_{\mathrm{II}}(V_3 - V_2) = C_V(T_3 - T_2) + R(T_3 - T_2) \tag{5.1}$$

路经 Ⅳ 所吸收的热量为

$$Q_{\mathrm{IV}} = U_1 - U_4 + P_{\mathrm{IV}}(V_1 - V_4) = C_V(T_1 - T_4) + R(T_1 - T_4) \tag{5.2}$$

该循环效率为

$$\eta = \frac{Q_{\mathrm{II}} + Q_{\mathrm{IV}}}{Q_{\mathrm{II}}} = 1 - \frac{T_1 - T_4}{T_3 - T_2} \tag{5.3}$$

　　燃气轮机的循环效率 η 一般为 20% 左右，为了提高燃气轮机的效率，可采用再生循环、再热循环等方法。图 5.5 所示为布雷顿循环的 $P\text{-}V$ 曲线。该曲线描述了两个定压过程和两个绝热过程。

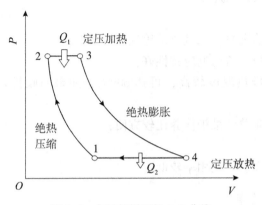

图 5.5　布雷顿循环的 $P\text{-}V$ 曲线

　　燃气轮机发电设备的出力可达 100MW 以上，单机出力大、高温高效，民间独立发电事业者(IPP)可利用燃气轮系统发电为用户提供电能或将电能输送入电网，可通过电能市场交易所进行交易。对于结构比较简单的小型燃气轮机来说，由于制造、安装比较容易，燃气轮机发电设备在楼宇、家庭等处正在得到越来越广泛的应用。

5.2　联合循环发电系统

　　由于金属材料的耐久性能和涡轮叶片的冷却技术等的提高，燃气轮机的燃烧室温度可达 1300℃ 以上，排气温度可达 600℃ 以上，并可实现高效运转。为了有效利用燃气轮机排放的高温气体，可在排气口附近配置蒸汽发生装置，利用该装置产生的蒸汽驱动汽轮机发电。

　　联合循环发电系统是指由多个发电循环串联构成的系统，如利用燃气轮机和汽轮机串联构成的发电系统。由于燃气轮机和汽轮机同时进行发电，可提高燃料的综合利用效率，所以称之为联合循环发电系统。

5.2.1 联合循环发电系统的构成

图 5.6 所示为联合循环发电系统的构成，该系统主要由空气压缩机、燃烧器、燃气轮机、排热回收装置、凝汽器、汽轮机以及发电机等组成。在该发电系统中，燃气轮机利用 1300～1500℃ 的燃气发电，其排热温度可达 600℃ 左右，而汽轮机则利用燃气轮机 600℃ 左右的排热所产生的蒸汽发电。由于燃气轮机和汽轮机联合发电，可回收燃气轮机发电后的排热，使燃料的综合利用效率提高，因而发电效率较高，可达 50% 以上。

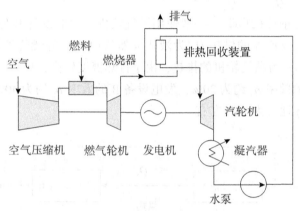

图 5.6 联合循环发电系统的构成

5.2.2 联合循环发电系统的 T-S 曲线

图 5.7 所示为联合循环发电系统的 T-S 曲线，由图可知，燃气轮机的工作温度较高，而汽轮机的工作温度较低，该汽轮机可利用燃气轮机排放的热能，提高燃料综合利用率。另外，联合循环发电系统的发电效率随温度变化而变化，1300℃ 时可达 50%，1500℃ 时可达 54% 左右。由于联合循环发电系统的发电效率较高，因而应用较多。

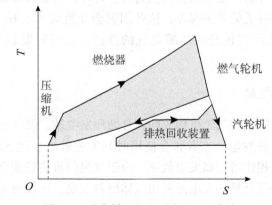

图 5.7 联合循环发电系统的 T-S 曲线

5.2.3　联合循环发电系统的效率

图 5.8 所示为串联配置的联合循环发电系统。假设发电设备 A 的供热为 Q_1，效率为 η_1，则输出的功为 $W_1 = \eta_1 Q_1$，同样，假设发电设备 B 的供热为 Q_2，效率为 η_2，则输出的功为 $W_2 = \eta_2 Q_2$，另外，设发电设备 B 的排热为 Q_3，则 $W_1 = Q_1 - Q_2$，$W_2 = Q_2 - Q_3$，联合循环发电系统的综合效率为

$$\eta = \frac{W_1 + W_2}{Q_1} = \frac{1}{Q_1}[\eta_1 Q_1 + \eta_2(Q_1 - W_1)] = \eta_1 + \eta_2 - \eta_1 \eta_2 \qquad (5.4)$$

发电设备 A 处在前段(顶部)，一般使用燃气轮机，发电设备 B 处在后段(底部)，通常使用汽轮机。发电设备 A 的供热 Q_1 为液化天然气(LNG)等燃烧所产生的热能，而 W_1 为燃气轮机的输出。Q_2 为燃气轮机的排热，由于排热温度较高，所以可作为发电设备 B 的热源。发电设备 A 的效率 η_1 约为 20%，发电设备 B 的效率 η_2 约为 40%，因此联合循环发电系统的综合效率 η 通常为 54% 左右。

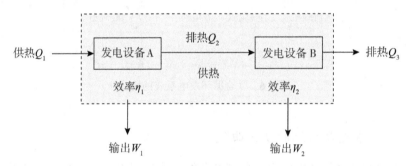

图 5.8　联合循环发电系统

虽然联合循环发电系统的发电效率较高，但该效率还有提升的空间，如提高涡轮和压缩机的效率、提高燃气轮机的进口温度以及提高压缩比等。由于发电时使用高温气体，因此燃烧器、叶片的根部等必须使用高温耐热材料，另外，为了确保发电设备运行安全，还需要进行与材料劣化等有关的维护保养，这些因素会导致成本上升。为了解决这些问题，可采用加热蒸汽的方法代替传统的压缩空气的办法，也可研发新型高温燃气轮机用于发电。

5.2.4　联合循环发电站

图 5.9 所示为燃气轮机与汽轮机构成的联合循环发电站。燃气轮机利用高温发电，汽轮机利用燃气轮机的排热发电，二者联合使用时其发电效率可达 52% 以上，因此联合循环发电与单独循环发电相比可提高发电效率。由于煤炭的价格较便宜，可将煤炭转换成可利用的气体燃料，如果联合循环发电站利用气体燃料发电，不仅可提高联合循环发电的效率，而且可降低发电成本。

图 5.9 联合循环发电站

5.3 微型燃气轮机发电

微型燃气轮机发电系统是一种小型分布式发电装置，除了发电之外还可供热，实现热电联产，可提高综合热利用效率。本节介绍微型燃气轮机发电系统的构成、家用型和工商业用型微型燃气轮机发电系统发电的特点及应用等。

5.3.1 微型燃气轮机发电系统

图 5.10 所示为微型燃气轮机发电系统的构成，该发电系统主要有燃气涡轮、燃烧器、热交换器、发电机以及空气轴承等。燃气涡轮由离心压缩机和离心涡轮燃烧器组成，其结构比较紧凑。由于微型燃气轮机的转速很高，可达 100000r/m，所以采用了空气轴承。发电机采用永磁式同步发电机，其运转速度也很高。微型燃气轮机的压缩比为 3~5，燃烧温度为 800~900℃，出力为 20~200kW，发电效率为 20%~30%，如果对微型燃气轮机的排热进行再利用，燃料综合效率可达 70% 以上。

微型燃气轮机可使用多种燃料，如汽油、天然气、甲烷、柴油、煤油，也可以利用可再生燃料，如酒精汽油、生物柴油及生物气体等，还可用氢气作为动力燃料。

5.3.2 家用微型燃气轮机发电系统

图 5.11 所示为家用微型燃气轮机发电系统，该系统主要由压缩机、热交换器、涡轮、燃烧器、发电机以及逆变器等组成。压缩机将空气进行压缩；热交换器获取微型燃气轮机排放的热能；轴承采用空气轴承，不使用润滑油；在燃烧器中燃料在高温高压空气中燃烧产生燃气；涡轮将燃气的能量转换成旋转的机械能，驱动发电机发电；排热可用于供热、供气等；发电机为永磁式同步发电机，其转速较高；逆变器具有功率转换、调频和并网的功能。家用微型燃气轮机发电系统发电具有能量密度高、发电效率高、结构紧凑、重量轻、价格低廉、检修维护比较方便等特点，比较适合家庭使用。

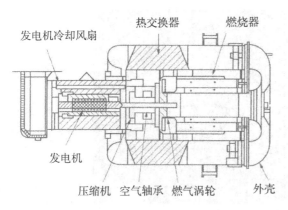

图 5.10 微型燃气轮机发电系统的构成　　图 5.11 微型燃气轮机发电系统

5.3.3 工商业用微型燃气轮机发电系统

图 5.12 所示为工商业用微型燃气轮机发电系统，该系统主要由燃气涡轮、齿轮箱、联结器以及交流发电机等组成。该发电系统出力较大，排热可被利用，比较适合宾馆、医院、商店、楼宇等作为分布电源使用，还可与其他发电系统并用构成联合发电系统。

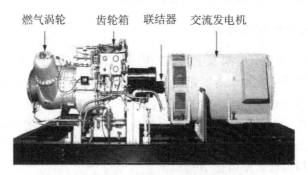

图 5.12 工商业用微型燃气轮机发电系统

燃气轮机与汽轮机相比启动时间短，可满足电力系统调峰的需要，与柴油机相比重量轻、不需要冷却水，可在紧急情况下发电。燃气轮机发电可利用城市天然气，为家庭、店铺等供电供热，由于其振动小、重量轻，也可安装在高层建筑物的屋顶发电。

最近出现了使用氢能的氢燃气轮机发电系统，它是一种比较先进的发电系统，单机容量可达 70 万 kW，可利用经天然气等转换成的氢能，也可利用太阳能光伏发电等可再生能源发电的电能制造的氢能。利用氢能发电可减少温室气体排放、实现低碳化、对环境友好，将来可在实现低碳社会中发挥积极作用。

第6章　汽轮机发电

汽轮机发电(steam turbine generation)是一种利用蒸汽涡轮将高温高压蒸汽的能量转换成旋转的机械能，并驱动发电机发电的方式。汽轮机是一种外燃机，热源来自煤炭、石油、地热、生物质能以及太阳热能等。汽轮机发电具有热效率高、使用寿命长、单机出力大、稳定性能好以及设备利用率高等特点，除了可用于火力发电、核能发电等大型集中式发电外，也可用于地热发电、太阳能热发电、太阳能光热发电、生物质能发电等分布式发电系统，还可与其他发电方式组合构成联合发电系统、热电联产系统等，提高发电效率。

本章主要介绍汽轮机发电系统的构成、发电原理、特点、热循环、发电效率、调速器以及汽轮机发电系统的应用等。

6.1　汽轮机

汽轮机被广泛用于火力发电等大型集中式发电和分布式发电中。所使用的燃料有固体燃料、液体燃料以及气体燃料，固体燃料有煤炭、生物质(如废弃物)等，液体燃料有石油等，气体燃料有天然气、地热等。火力发电是一种将煤炭、石油、天然气、生物质等燃料燃烧产生的热能转换成电能的发电方式，通常使用汽轮机将高温高压蒸汽的热能转换成旋转的机械能，并驱动发电机发电。图6.1所示为利用石油燃料的汽轮机发电过程。石油燃料被喷入锅炉燃烧产生蒸汽，蒸汽涡轮利用锅炉所产生的蒸汽做功驱动发电机发电，蒸汽涡轮做功后的蒸汽排入大气。

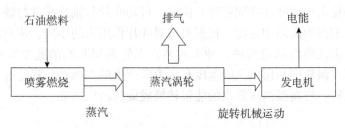

图6.1　利用石油燃料的汽轮机发电过程

在分布式发电中，汽轮机发电利用由太阳热能、生物质能、天然气、甲烷、地热等转换而来的热源，主要有太阳能热发电、生物质能发电、地热发电等。利用太阳能热、地热等的发电原理与火力发电的汽轮机发电原理基本相同，但火力发电需要使用锅炉，而太阳能热发电、地热发电等不需要使用锅炉。太阳能热发电利用太阳的热能，地热发电利用地热，而生物质能发电可利用直接燃烧所产生的热能等，由于这些发电方式都通过将热能转换成蒸汽驱动汽轮机旋转，带动发电机发电，因此汽轮机发电被广泛用于火力发电、核能发电，太阳能热发电、地热发电以及生物质能发电等。

6.2　汽轮机发电系统的构成

汽轮机发电系统在火力发电中已得到广泛应用。这里以火力发电厂的汽轮机发电系统为例说明该系统的构成。图 6.2 所示为汽轮机发电系统的构成，该系统主要有汽水系统、燃烧系统以及发电系统等。汽水系统由锅炉、汽轮机、凝汽器、高低压加热器和供水泵等组成。燃烧系统由燃料供给、锅炉等组成。发电系统由励磁装置、发电机等组成。

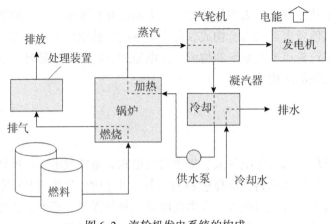

图 6.2　汽轮机发电系统的构成

在汽轮机发电系统中，锅炉用来燃烧燃料并产生高温高压水蒸气；凝汽器使海水等冷水与汽轮机发电后排出的蒸汽进行热交换，并将其还原成冷却水；汽轮机将高温高压蒸汽的热能转换成旋转的机械能；发电机将汽轮机旋转的机械能转换成电能。

汽轮机的涡轮由可动叶片和固定叶片构成，可动叶片与轴连接并与轴一起旋转，而固定叶片用来调整蒸汽的流向和速度。根据蒸汽对叶片作用力的不同，蒸汽涡轮可分为冲击式蒸汽涡轮和反击式蒸汽涡轮两种。冲击式蒸汽涡轮利用蒸汽的速度所产生的冲击力做功，而反击式蒸汽涡轮则利用蒸汽的速度和压力所产生的力做功。涡轮叶片利用获得的力做功使涡轮轴旋转，将高温高压蒸汽的能量转换成旋转的机械能。

6.3　汽轮机发电原理

图 6.3 所示为冲击式蒸汽涡轮的结构，该涡轮主要由叶片、喷嘴、转轮以及主轴等构成。在汽轮机发电过程中，锅炉通过燃烧煤炭、重油、生物质等燃料产生热能，将锅炉内细管中流动的水加热并产生高温高压蒸汽，然后高温高压蒸汽作用于叶片，将蒸汽的能量转换成旋转的机械能，驱动发电机发电。

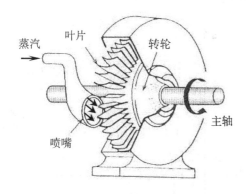

图 6.3　冲击式蒸汽涡轮的结构　　　　图 6.4　汽轮机的涡轮叶片

图 6.4 所示为汽轮机的涡轮叶片。由图可知，涡轮由多段构成以充分利用高温高压蒸汽，提高汽轮机的效率。这种汽轮机除了可用于大型火力、核能发电之外，还可用于地热发电、生物质能发电等。

6.4　汽轮机发电的特点

汽轮机发电有以下特点
(1)可使用各种比较廉价的燃料；
(2)具有较高的热效率；
(3)设备利用率较高；
(4)汽轮机是一种可以连续工作的旋转机械，单机出力较大；
(5)发电系统具有较长的使用寿命，经久耐用；
(6)发电系统具有较高的稳定性能，事故率很低。

6.5　汽轮机发电的热循环和效率

6.5.1　朗肯循环

朗肯循环(Rankine cycle)是指以水蒸气为工质的一种理想循环过程，用来描述汽轮机等的蒸汽动力循环。图 6.5 所示为汽轮机朗肯循环。在由水泵、锅炉、汽轮机和凝汽器等构成的系统中，水泵将水加压，压力水进入锅炉被加热汽化变成过热蒸汽，然后经汽轮机做功，做功后的低压蒸汽进入凝汽器冷却凝结成水再回到水泵中，形成一个循环。

图 6.6 所示为汽轮机朗肯循环 P-V 曲线。图中线段(1→2)为水泵的绝热压缩过程，水泵将水加压；线段(2→4)为锅炉的定压加热过程，加压水被加热汽化变成过热蒸汽；线段(4→5)为汽轮机的绝热膨胀、将热能转换为机械能的过程，过热蒸汽膨胀做功；线段

（5→1）为凝汽器的定压放热过程，低压蒸汽进入凝汽器冷却凝结成水。

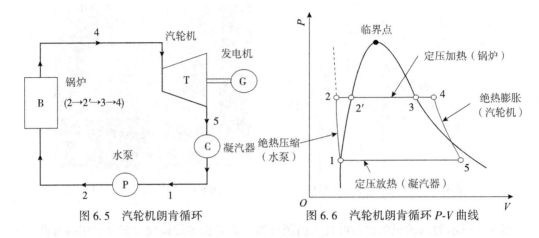

图 6.5　汽轮机朗肯循环　　　　　　图 6.6　汽轮机朗肯循环 $P\text{-}V$ 曲线

图 6.7 所示为汽轮机朗肯循环 $T\text{-}S$ 曲线，利用该曲线可计算热效率。朗肯循环的理论热效率 η_{th} 可由 $T\text{-}S$ 曲线计算得出，设锅炉的供热量为 Q_{in}，凝汽器的排热量为 Q_{out}，根据 $T\text{-}S$ 曲线可求得理论热效率。

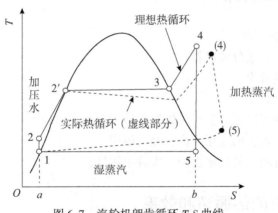

图 6.7　汽轮机朗肯循环 $T\text{-}S$ 曲线

$$\eta_{\text{th}} = \frac{Q_{\text{in}} - Q_{\text{out}}}{Q_{\text{in}}} = \frac{\text{面积 } 122'3451}{\text{面积 } a122'345ba} \tag{6.1}$$

在汽轮机发电过程中，由于有流体的运动摩擦、周围的热损失等，因此实际热循环与理论热循环存在一定差异，由上式可知，理论热效率是一个小于 1 的值。实际热循环如图中的虚线部分所示。

6.5.2　卡诺循环

卡诺循环用来描述理想的热循环（面积 16451），与朗肯循环（面积 122'3451）相比，他们之间的差异（面积 22'3462）如图 6.8 所示的斜线部分所示。由该图可知，如果要提高朗肯循环的效率，则要尽可能向卡诺循环靠近，可通过提高蒸汽涡轮进口的蒸汽温度和压力，降低凝汽器冷却水的温度等来实现。

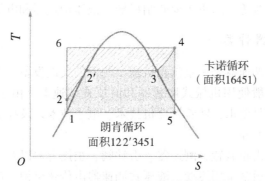

图 6.8 卡诺循环与朗肯循环的差异

6.5.3 汽轮机的发电效率

图 6.9 所示为汽轮机的发电效率等之间的关系。设发热量为 Q_l（kJ/kg），燃料供给量为 G_f（kg/h），焓为 H_1（kJ/kg）；锅炉的过热蒸汽供给量为 W（kg/h），焓为 H_2（kJ/kg）；涡轮的轴输出功率为 P_T（kW），凝汽器蒸汽的焓为 H_3（kJ/kg），发电机的效率为 η_G，发电机输出功率为 P_G（kW），则锅炉的效率 η_B、涡轮的效率 η_T 以及热效率 η_P 分别为

锅炉的效率
$$\eta_B = \frac{W(H_2 - H_1)}{G_f Q_l} \tag{6.2}$$

涡轮的效率
$$\eta_T = \frac{P_T \times 3600}{W(H_2 - H_3)} \tag{6.3}$$

热效率
$$\eta_P = \frac{P_G \times 3600}{G_f Q_l} \tag{6.4}$$

式中，$H = U + PV$，U 为系统内能，J；P 为压强，N/m^2；V 为容积，m^3。

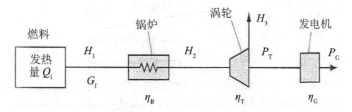

图 6.9 汽轮机的发电效率等之间的关系

6.6 汽轮机调速原理

汽轮机发电在实际运行中，根据负荷、电力需求状况等，需要利用调速器对进入汽轮

机的蒸汽流量进行调整，以调整汽轮机输出功率，并使汽轮机在额定转速下运转。汽轮机调速器有机械式、液压式以及电子式等种类。汽轮机的蒸汽流量调节方法有节流调节法、喷嘴调节法、旁通调节法等。这里主要介绍机械式液压调速器和电子式液压调速器原理。

6.6.1　汽轮机调速器种类

如前所述，汽轮机调速器是调整汽轮机输出功率的关键设备，有机械式、液压式以及电子式等种类。早期一般使用机械式调速器和液压式调速器，由于这些调速器的调整精度、响应速度等难以满足要求，随着计算机技术、电子技术以及控制技术等的发展，目前通常使用电子式液压调速器。

机械式调速器利用齿轮装置、测速器、引导阀、主接力器以及蒸汽增减阀等对蒸汽的流量进行调整，测速器通常采用飞摆；液压式调速器由传感机构、放大机构、执行机构等构成。它利用与汽轮机同轴旋转的油泵输出液压与转速的平方成正比的关系，使用液压传递机构驱动蒸汽增减阀对蒸汽的流量进行调整，测速器通常采用离心泵；电子式调速器由转速控制器、速度控制放大器、执行机构等构成。它利用转速控制器检测出小型测速发电机的电压或转速，并发出与之成正比的脉冲信号，然后驱动蒸汽增减阀对蒸汽流量进行调整，控制汽轮机的转速和出力。

6.6.2　机械式液压调速器原理

图 6.10 所示为机械式液压调速器原理。汽轮机的转速控制使用机械式液压调速器，首先利用飞摆的离心力原理测出转速，然后通过液压传递机构将其转换成液压力，最后调整蒸汽增减阀改变进入汽轮机的蒸汽流量，以达到调整汽轮机转速和出力的目的。

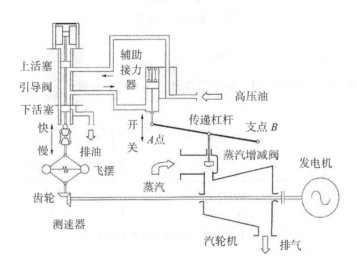

图 6.10　机械式液压调速器原理

在图 6.10 中，汽轮机通过齿轮带动飞摆旋转，当汽轮机转速降低时，飞摆在离心力的作用下向内运动，带动与之相连的引导阀中的活塞向上运动，上活塞开启让高压油流入，而下活塞关闭排油通道，高压油流入辅助接力器，这时与传递杠杆 A 点相连的辅助接力器在液压力的作用下向上运动，传递杠杆以 B 点为支点带动蒸汽增减阀向上运动，进入汽轮机的蒸汽流量增加，致使汽轮机出力增加。当汽轮机转速增加时，其调节过程与上相反。

6.6.3 电子式液压调速器原理

随着发电设备容量的不断增加和负荷变动越来越大，对控制性能提出了更高的要求。由于电子式液压调速器的响应性能优于机械式液压调速器，因此电子式液压调速器在发电站中的应用比较普遍。

电子式液压调速器的工作原理是：根据检测出的汽轮机的转速信号、蒸汽增减阀的开度信号以及发电机负荷信号等，通过自动数字调节系统发出调节电信号指令，电信号驱动电液转换器工作使液压缸连通高压油管，高压油进入主接力器驱动执行机构调整蒸汽增减阀，达到调节汽轮机出力的目的。当调节达到要求后，反馈机构使调节过程停止、复位，此时汽轮机转速保持稳定。

6.7 汽轮机发电的应用

图 6.11 所示为汽轮发电机的外观。转子为隐极型结构，直径较小，轴较长。发电机使用三相交流同步发电机。图 6.12 所示为利用汽轮机发电的火电厂。

图 6.11　汽轮发电机外观　　　　图 6.12　火力发电厂

第7章 太阳能光热发电

地球上的热能主要来自太阳的辐射，可利用的热能极其丰富，是一种取之不尽，用之不竭的清洁能源。太阳能光热发电(solar thermal power generation)有多种类型，常见的太阳能光热发电(又称太阳能热发电)是利用反射镜等聚集的太阳光能，将水、油等工质加热转换成蒸汽，然后通过汽轮发电机组将蒸汽的能量转换成电能的发电方式。太阳能光热发电有塔式、槽式以及蝶式等方式，目前槽式太阳能光热发电应用较多，塔式太阳能光热发电次之。由于太阳能光热发电具有清洁环保、发电出力连续稳定、可分布式设置、运行维护成本较低等优点，被认为是一项新兴能源应用技术，将来有望成为基础负荷电源，目前正在大力推广和普及。

本章主要介绍太阳热能、太阳能光热发电的种类和特点、发电原理、发电系统的构成及应用等。

7.1 太阳热能

太阳能(solar energy)是由太阳内部氢原子发生氢氦聚变释放出的能量，太阳释放到宇宙的能量约为 $1.2×10^{34}$J，其中 22 亿分之一(约 $5.5×10^{24}$J)的能量到达地球附近的大气层，大气层反射约30%，大气层中的气体分子等吸收约24%，因此只有约 $3.0×10^{24}$J 的能量到达地表面。太阳能是太阳的辐射能量，它以辐射方式传至地表面，主要形态是太阳光线，其中包含光能和热能(主要是红外线)。太阳热能极其巨大，地球所拥有热能的 99.97% 来自太阳的能量。

太阳能的转换方式有太阳能光热转换和太阳能光电转换等。太阳能在发电方面的应用主要有太阳能光热发电(又称太阳能热发电)和太阳能光伏发电。太阳能光热发电利用大规模阵列抛物镜面或蝶形镜面等收集太阳热能，通过水或其他工质和装置(指换热装置)将太阳辐射能转换为蒸汽，利用汽轮发电机组等发电设备发电；而太阳能光伏发电则利用太阳能电池等光电转换方式，将太阳光能直接转换成电能。我国地域辽阔，西北等地区的太阳热能资源非常丰富，可在太阳辐射条件较好的地区大量设置分布式太阳能光热发电系统，产生用之不竭的电能。

7.2 太阳能光热发电的种类和特点

太阳能光热发电的种类较多，如塔式太阳能光热发电系统、槽式太阳能光热发电系统、碟式(又称盘式)太阳能光热发电系统、太阳池(它是具有一定盐浓度梯度的人造盐水池,并且兼作集热器和蓄热器的一种太阳能利用装置)和太阳能塔热气流发电(又称太阳能烟囱发电)等。前三种是聚光型太阳能光热发电系统,后两种是非聚光型太阳能光热发电系统。聚焦式太阳能光热发电系统的传热工质主要是水、水蒸气和熔盐等,这些传热工质在吸热器(又称接收器)内可加热到约450℃用于发电。这里主要介绍聚光型太阳能光热发电系统。

7.2.1 太阳能光热发电的种类

太阳能光热发电一般采用聚光方式,按聚光方式分类太阳能光热发电可分为三种类型,即塔式太阳能光热发电、槽式太阳能光热发电以及蝶式太阳能光热发电。太阳能光热发电的种类如表7.1所示。

表7.1 太阳能光热发电的种类

太阳能光热发电种类	聚光方式
塔式太阳能光热发电	使用定日镜聚集太阳光(点聚光),将光能转换成热能发电
槽式太阳能光热发电	使用曲面镜聚光(面聚光),将曲面镜中央的吸热器加热发电
蝶式太阳能光热发电	利用大型抛物面镜聚集太阳光(面聚光),将光投射到一点转换成热能,通过微型汽轮发电机组等发电

塔式太阳能光热发电是在发电塔的周围安装大量的定日镜(将太阳光线反射到固定方向的光学装置,一般使用平面镜),将聚集的太阳光投射到安装在塔顶的吸热器上,使其中的水等工质加热并产生蒸汽,推动汽轮机运转,驱动发电机发电。

槽式太阳能光热发电通过曲面镜将太阳光反射到安装在曲面镜中央的吸热器上,并将吸热器内的工质加热产生蒸汽,驱动汽轮发电机发电。槽式太阳能光热发电技术相对成熟,目前应用最广。

蝶式太阳能光热发电的反射镜形状为大型抛物面,它将聚集到的太阳热能通过微型汽轮发电机组等装置转换成电能。蝶式太阳能光热发电的效率较高,且便于模块化配置,安装维护比较方便。

上述三种太阳能光热发电系统均采用聚光式结构,塔式太阳能光热发电系统采用点聚光方式,槽式太阳能光热发电系统采用抛物面聚光方式,碟式太阳能光热发电系统采用碟式抛物面聚光方式。聚光式太阳能光热发电系统中使用的水等工质在吸热器内可加热到400℃以上。此外,该发电方式的蓄热设备可蓄热,在峰荷时发电以发挥削峰的功能。

7.2.2 太阳能光热发电的特点

太阳能光热发电有许多优点,太阳热能是一种清洁能源,发电时不产生二氧化碳等温室气体;发电使用太阳热能,不需要其他能源;可利用蓄热设备蓄热,必要时利用蓄热发电,因此发电出力比较稳定;使用大型聚光设备、锅炉、配管以及发电机等即可发电,安装、运行、维护比较方便,成本较低,是一种较为简单的发电方式。

太阳能光热发电的缺点是需要安装大量的聚光设备、需要较大的安装场地、占用大量的土地，安装条件受到一定的限制。另外，太阳能光热发电对太阳辐射量有一定的要求，易受天气、气候的影响。如果使用蓄热设备，则可确保发电出力稳定。

7.3　太阳能光热发电原理

图 7.1 所示为太阳能光热发电原理。太阳能光热发电是指使用反射镜（聚光器）将太阳光进行高效聚集，利用太阳光中的热能对水等工质进行加热产生高温蒸汽，通过汽轮机将高温蒸汽转换成旋转的机械能，驱动汽轮发电机发电。图中的蓄热器用来储存热能以便在电力系统出现峰荷时发电或夜间发电以满足负载的需要。

太阳能光热发电与太阳能光伏发电的原理完全不同，太阳能光伏发电使用太阳能电池将太阳光的能量直接转换成电能。而太阳能光热发电首先通过反射镜等聚集太阳光，然后利用吸热器将聚集的太阳光中的热能转换成高温蒸汽，最后汽轮机将热能转换成旋转的机械能并驱动发电机发电。与太阳能光伏发电相比，太阳能光热发电系统比较复杂、成本较高，但出力比较稳定，因此太阳能光热发电系统可用于分布式发电系统，为用户提供电能。

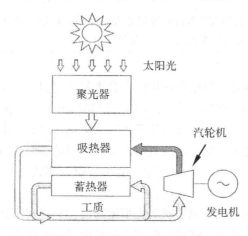

图 7.1　太阳能光热发电原理

7.4　太阳能光热发电系统

太阳能光热发电利用光热转换方式发电，需要利用聚光器将太阳光进行聚集。根据聚光方式的不同，太阳能光热发电系统可分为三种类型，即塔式太阳能光热发电系统、槽式太阳能光热发电系统以及蝶式太阳能光热发电系统。

7.4.1　塔式太阳能光热发电系统（使用定日镜、点聚焦方式）

塔式太阳能光热发电系统利用一组独立跟踪太阳的定日镜，采用点聚光方式将太阳光聚集到塔顶的吸热器上产生高温蒸汽，供汽轮发电机组发电。塔式太阳能光热发电系统如

图 7.2 所示，该系统主要由发电塔、定日镜、吸热器、水槽、蓄热器、凝汽器、汽轮机以及发电机等组成。定日镜用来反射太阳光，并将聚集的光投向塔顶的吸热器；吸热器利用太阳热能将水等工质加热成高温蒸汽；水槽用来储存水等工质；蓄热器用来储存热能；凝汽器是将汽轮机发电后的排热进行冷却冷凝成水的热交换器；汽轮机用来将热能转换成旋转的机械能，带动发电机发电；发电机用来将旋转的机械能转换成电能。

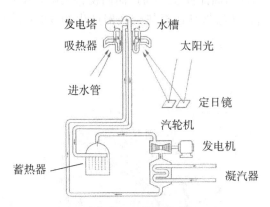

图 7.2 塔式太阳能光热发电系统

塔式太阳能光热发电系统的工作原理是：通过在塔底周围安装的大量的定日镜，将聚集的太阳光投射到塔顶的吸热器上，在这里把吸收的太阳光能转化成热能，然后利用热能将其中的水等工质液体加热并产生蒸汽，蒸汽驱动汽轮机运转并带动发电机发电。

定日镜的枚数可达数百枚甚至数千枚，塔顶的吸热器内的工质液体可加热至 800～1000℃，一般可达约 550℃，发电系统效率可达 20%～35%。塔式太阳能光热发电系统的应用和普及量仅次于槽式太阳能光热发电系统。

图 7.3 所示为跟踪型塔式太阳能光热发电系统。该系统在地面安装有大量的定日镜，为了提高聚光效率，该系统使用计算机对定日镜的方向进行跟踪控制，使定日镜投向塔顶吸热器的太阳光最强，以增加汽轮发电机组的发电出力。

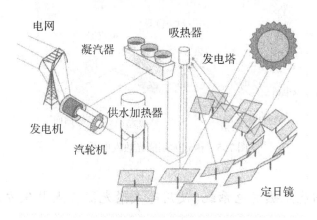

图 7.3 跟踪型塔式太阳能光热发电系统

7.4.2　槽式太阳能光热发电系统(使用曲面镜、面聚焦方式)

槽式太阳能光热发电系统采用抛物面聚光方式,利用抛物柱面槽式发射镜将太阳光聚集到管形的吸热器上,并将管内工质加热,在热换气器内产生蒸汽,推动汽轮发电机组发电。

图7.4所示为槽式太阳能光热发电系统的吸热器构成。它由曲面镜、吸热器以及支架等组成。槽式聚光器采用抛物面曲面镜,通过曲面镜将太阳光反射到吸热器上,并加热工质使其温度达400℃左右,然后将其送至热交换器产生约380℃的高温蒸汽,最后推动汽轮发电机组发电。

图7.4　槽式太阳能光热发电系统的吸热器构成

图7.5所示为槽式太阳能光热发电系统。该系统由曲面镜、热交换器、凝汽器、蓄热器、汽轮机以及发电机等组成。采用多枚曲面镜反射聚集太阳光,使安装在焦点处的真空管吸热器中的工质加热,将产生的高温蒸汽通过管道送往汽轮机带动发电机发电,并将电能输往电网。

这种发电方式使用较早,目前应用最广,但由于吸热器的长度较长,会导致热损失和工质循环动力损失,导致发电效率降低,槽式太阳能光热发电系统的发电效率为15%左右。

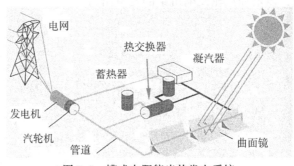

图7.5　槽式太阳能光热发电系统

7.4.3　蝶式太阳能光热发电系统(使用碟式聚光器、点聚焦方式)

碟式太阳能光热发电系统采用抛物面方式聚光。图7.6所示为蝶式太阳能光热发电系统，该系统由聚光器、电能转换装置等组成。聚光器为大型抛物面镜，直径为 5～15m，发电功率为 5～50kW。电能转换装置有热电发电装置、斯特林发动机或微型汽轮发电机组等，利用这些装置可将聚光器聚集的太阳光热转换成电能。蝶式太阳能光热发电系统一般为小功率发电系统，如果需要较大的发电功率，可配置多台电能转换装置。该发电系统的工质温度约 750℃时，系统的发电效率可达 30% 左右。

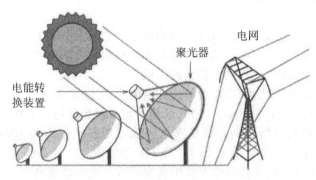

图 7.6 碟式太阳能光热发电系统

7.4.4 蓄热式太阳能光热发电系统

为解决太阳能光热发电的间歇性、出力不稳定等问题，可在太阳能光热发电系统中配置蓄热设备，以实现不间断发电，提高输出电能的稳定性。这种带有蓄热设备的太阳能光热发电系统称为蓄热式太阳能光热发电系统。与太阳能光伏发电相比，蓄热式太阳能光热发电系统可蓄热，在气候条件较差、夜间等情况下发电。另外在电力系统中可用来进行调峰、储能等。储存热能的成本比用蓄电池储能的成本要低得多。

图 7.7 所示为蓄热式太阳能光热发电系统，它主要由吸热部分、蓄热部分以及发电部分组成。蓄热部分有高温罐和低温罐，蓄热时从低温罐取出低温工质(熔盐)，经热交换器加热后储存在高温罐中，排热时则相反。该系统夜间可连续发电，不受日照和短时间内

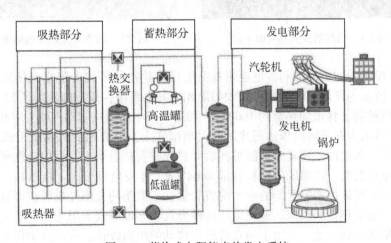

图 7.7 蓄热式太阳能光热发电系统

太阳辐射量变动的影响。

　　如果在蓄热式太阳能光热发电系统中增设加热用锅炉，则该系统可以保证夜间、太阳辐射较少的冬季等有足够的发电功率，当然为了节约能源、减少二氧化碳排放，应尽量避免使用锅炉。

7.5　太阳能光热发电系统应用

　　为了保障能源的可持续供给，减少污染物排放，世界各国高度重视太阳能光热发电。我国十分重视太阳热能在热水器、热发电等方面的应用，太阳能热水器的产量和普及量都居世界首位，在热发电方面也得到了很大的发展。

　　图 7.8 所示为敦煌塔式太阳能光热发电系统（或称发电站）。该系统占地面积为 7.5km^2，发电塔高为 260m，采用熔盐塔式结构。定日镜数量超过 1200 枚，镜场总反射面积达 140 万 m^2，围绕发电塔呈同心圆状布置。该发电系统出力为 100MW，年发电量为 390GWh，年削减二氧化碳排放量 35 万 t，可 24h 连续发电。该系统发电出力稳定，对环境影响较小，在同类太阳能光热发电系统中规模最大、发电塔最高。

　　西班牙等国将太阳能光热发电等可再生能源的应用作为一项能源战略，大力推广和普及太阳能光热发电。图 7.9 所示为西班牙建造的塔式太阳能光热发电系统，该系统的出力为 20MW。

图 7.8　敦煌塔式光热发电系统　　　　　图 7.9　西班牙光热发电系统

　　图 7.10 所示为在美国加利福尼亚州莫哈韦沙漠建造的塔式太阳能光热发电系统原理图。图 7.11 所示为该发电系统的塔式太阳能光热发电系统，该系统采用了 35 万多枚定日镜，由计算机控制，将水加热至约 1000℃，利用所产生的蒸汽驱动汽轮发电机组发电。

　　图 7.12 所示为在美国内华达州建造的大型槽式太阳能光热发电系统，该系统安装有大量的曲面镜，各曲面镜聚集的热能被回收并储存在蓄热设备中，利用蒸汽驱动汽轮机旋转，带动发电机发电。该系统的装机容量为 64MW，年发电量可达 130GWh。

　　该系统在半圆筒形的反射镜的中央配置管道，当聚集的太阳光投射在该管道上时，将管道内的油工质加热，利用该热能发电。这种方式不必像塔式太阳能光热发电系统那样将太阳光的能量集中到一点，但由于油在管道中移动的距离较长，所以热能损失较大。

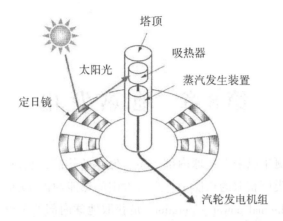

图 7.10 美国莫哈韦塔式太阳能光热发电系统原理图

图 7.11 莫哈韦光热发电系统

图 7.12 内华达州光热发电系统

第8章　地　热　发　电

地热能是自地球诞生以来在地球内部产生、储存的热能，它以岩浆、干热岩、热水、蒸汽等形式存在。人类所获取的热能中，来自太阳的热能约占99.98%，地热能为0.02%左右。地热发电(geothermal power generation)是获取地球内部的蒸汽和热水，利用蒸汽驱动汽轮机运转，将热能转换成机械能，汽轮机带动发电机运转，将机械能转换成电能的一种发电方式。地热发电使用地下的蒸汽和热水、资源量巨大、发电不需要燃料、不排放污染物、不受气候等影响、出力大、发电效率高、输出稳定，因此地热发电作为分布式电源，目前正得到大力开发和利用。

本章主要介绍地热能、地热系统的构成及发电原理、地热发电的种类和特点、各种地热发电系统以及应用等。

8.1　地热能

8.1.1　地球内部的热能

地球的内部结构如图8.1所示。从地表向里依次为地壳、地幔、外核和内核。地球的半径约为6370km，最外层的地壳(海洋和陆地)的厚度是不同的，海洋为数千米，陆地为30~50km。地壳底部的温度约为1000℃。从地壳向里是地幔，其厚度约为2900km。外核

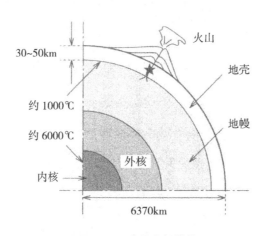

图8.1　地球的内部结构

为3000℃以上的高温岩层。越往地球深处其温度越高，地心（又称内核）的温度高达6000℃，接近太阳表面温度，可见地球内部蕴藏着巨大的热能。所谓地热能是指地下的岩石及岩石的空隙中的流体所具有的热能。

地球内部的高温源于岩石中的放射性物质铀、钍、钾等元素的衰变过程。地球内部的热能不断流向地表，其中大部分从高温的地球内部通过岩盘的热传导作用流向低温的地表，即高温岩层缓慢对流将地心的热量传到地壳。除了火山带和地热带外，对一般地区而言，从地表向里的热传导所引起的温度上升（即温升梯度）一般为3℃/100m左右，地热能温度从地表向里，地下1km处约45℃，地下3km处约105℃，地下5km处约165℃，地壳底部深约50km处的温度约1000℃。因此靠近地表的地壳内有低温热能存在，但能量密度较低，一般不能用于发电。

我国是地热资源较丰富的国家，地热资源总量约占全球资源量的六分之一，但多为低温地热，主要分布在西藏自治区、四川省、华北、松辽和苏北等地。可用于发电的高温地热资源主要分布在滇、藏、川西等地。西藏地热蕴藏量居我国首位，其地热资源发电潜力超过1000MW，可以进行开发应用。

8.1.2 火山带内部的热能

与一般地区不同，在火山带、地热带的地下存在巨大的热能，在该带的浅表处存在高温，可作为能源加以利用。在地下2~10km处的岩石被熔化形成高温岩浆（即熔岩），岩浆附近的水被加热会变成高温热水，它喷出地面形成水蒸气，高温水蒸气的热能可用于发电，称为地热发电。

图8.2所示为火山带地壳内部的结构。在火山带，地幔上部产生流动性的岩浆，其中一部分岩浆流向地表，在较浅的地壳内部形成岩浆储存库，一般离地表数千米，温度可达1000℃左右。在火山带或地热带会发生热对流，大量的热能从地下传至地表，从地表向里的温度梯度一般为10℃/100m左右。地下数千米处存在的高温岩浆将渗入地下的水加热，变成高温热水、蒸汽。由于岩浆储存库的温度高于周围的岩体，所以会使岩体加热，形成干热岩，其中的热能也可用于发电，称为干热岩发电。

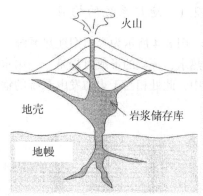

图8.2　火山带地壳内部结构

8.1.3 地热储存库和岩浆储存库

图8.3所示为地热储存库和岩浆储存库之间的关系。岩浆储存库中的高温岩浆经过1万年到100万年长期热传导的作用，使其上部的热水对流，形成地热储存库，也就是说，地热储存库的形成与过去的火山活动密切相关。地壳中的岩石一般存在裂缝，当地面的雨

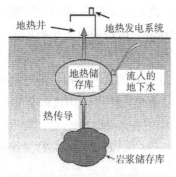

图 8.3　地热储存库和岩浆储存库

水渗入其中时，岩浆储存库周围的岩浆会将水加热，使其变成高温热水、蒸汽，然后经岩石裂缝上升至地表附近，在不渗水层处储存大量的高温高压热水。另外，由于热水在通过裂缝上升的过程中温度、压力会下降，溶解在热水中的成分会沉淀，致使裂缝堵塞形成地热储存库。地热储存库一般离地表数百米到 3 千米，如果从地表钻孔打眼至地热储存库，则可获取热水、蒸汽用于发电。

8.1.4　地热能的采集方法

地热能可从地热储存库、岩浆储存库以及干热岩等处采集，采集的方法一般有三种：①直接抽取地下的高温热水、蒸汽。目前地热发电一般利用地下深度 1~3km 的地热储存库的热能，以热水、蒸汽的形式抽取；②回收约 4km 深层的岩浆储存库的由雨水渗透所产生的蒸汽，或人工从地面注水，回收其产生的 40~650℃ 的高温热水、蒸汽；③人工向无蒸汽的干热岩的裂缝注水，回收高温热水、蒸汽，干热岩一般在地下 2~10km，温度可达 1000℃ 以上，目前正在研发如何利用干热岩发电的技术。

8.2　地热系统的构成及发电原理

8.2.1　地热系统的构成

图 8.4 所示为火山型地热系统。它由岩浆、地热储存库以及干热岩带等组成。从雨水到热水、蒸汽的形成过程是：当雨水渗入地下深处时，岩浆将雨水加热并储存在地热储存库中，此处相当于火力发电系统的锅炉部分。如果开掘深井抽取大量的高温热水、蒸汽则

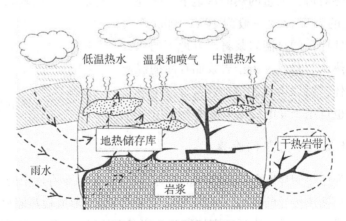

图 8.4　火山型地热系统

可用于发电。当地热到达地表时可形成低温(90℃以下)、中温(90~150℃)以及高温(150~300℃)的热水或蒸汽,除高温热水、蒸汽用于发电外,低、中温热能可用于温泉、农业、养殖业等其他领域。

8.2.2 地热发电原理

地热能是指地下的岩石、岩石的空隙中的流体所具有的热能。岩石所具有的热能一般不能被直接利用,而是将热能以流体的形式从地球内部抽取,根据流体温度、压力加以利用。地热发电则利用高温热水、蒸汽,通过汽轮机将热能转换成机械能,然后驱动发电机发电。利用蒸汽的地热发电原理与火力发电、核能发电相比没有太大的区别,只是地热发电不用锅炉,而是利用地热储存库,且地热储存库中蒸汽的温度、压力要低一些。

地热发电的种类较多,常见的地热发电系统的发电原理是:先从地热储存库的工作井抽取热水、蒸汽的混合体,经汽水分离器分离成热水和蒸汽,低温热水经还原井返回地下再利用,蒸汽被送往汽轮机将热能转换成旋转的机械能,驱动发电机发电,发电后的排气经凝汽器还原成水,而电能则通过变压器升压并输送至电网。

8.3 地热发电方式和特点

地热资源主要有蒸汽型和热水型。根据利用地热资源方式的不同,地热发电可以分为直接蒸汽发电(又称干蒸汽发电)、扩容(又称闪蒸法)发电、双循环(又称中间工质法)发电、干热岩发电以及岩浆发电等。闪蒸法是指利用减压法使热水汽化的方法,该方法利用将气压降至标准大气压(1013hPa)的约1/17(60hPa)时热水便会汽化的原理。

8.3.1 地热发电方式

如前所述,地热发电可以分为直接蒸汽发电、扩容发电、双循环发电、干热岩发电以及岩浆发电等。直接蒸汽发电利用地下储存的高温热水中的蒸汽(即无热水的纯蒸汽),从工作井直接将蒸汽送至汽轮机,经汽轮机将热能转换成机械能,发电机将机械能转换成电能。

在扩容发电方式中,汽水分离器将来自地下的热水和蒸汽分离,将分离出的高压蒸汽送入汽轮机组发电,这种方式称为单扩容发电方式。如果汽水分离器分离出的热水温度仍然比较高,则再将热水减压产生低压蒸汽(称为二次蒸汽)供汽轮机组发电,这种发电方式可同时利用高压和低压蒸汽发电,称为双扩容发电方式。

在双循环发电方式中,如果获取的热水的温度较低,则需要利用热水的热能将氨等工质加热产生蒸汽,即利用低温热水将沸点较低的工质加热产生高压蒸汽,然后驱动汽轮机运转,带动发电机发电。

干热岩发电利用人工的方法向干热岩的裂缝注水,回收高温蒸汽进行发电。岩浆发电直接利用岩浆的热能,不需进行汽水分离,即直接利用蒸汽发电。地热发电方式和获取地热的方法如表8.1所示。

表 8.1　　　　　　　　　　　　　　　　地热发电方式

地热发电方式	温度(℃)	获取地热的方法
直接蒸汽发电 (干蒸汽发电)	200~300	直接利用地热储存库的高温蒸汽进行发电
扩容发电 (闪蒸法)	200~350	利用地热水闪蒸成的高压和低压蒸汽发电,分单扩容方式和双扩容发电两种
双循环发电 (中间工质法)	80~150	利用低温热水将低沸点工质加热产生高温蒸汽发电
干热岩发电	200~300	人工向干热岩裂缝注水,回收高温蒸汽发电
岩浆发电	400~650	直接利用岩浆产生的蒸汽发电

8.3.2　地热发电的特点

直接蒸汽发电、扩容发电、双循环发电、干热岩发电以及岩浆发电等各种发电方式由于存在地热温度、地热发电方式、发电设备等诸多差异,因此具有如下的主要特点。

(1)在有地热资源的地方建造地热电站,可减少发电燃料运输、储存等;

(2)高温地热流体(如热水、蒸汽)资源量巨大,发电不需要燃料,可减少对煤炭、石油等化石燃料的依赖;

(3)发电使用可再生、清洁的能源,二氧化碳减排效果明显,排放量只有化石燃料发电的 1/10 左右;

(4)地热发电不受气候、天气等的影响,发电出力大、稳定;

(5)热能的能量密度较大、发电效率较高可达 73% 以上,远高于太阳能光伏发电和风力发电;

(6)与火力发电不同,地热发电不用锅炉,而是利用地热储存库;

(7)电站规划、设计、建造时间长,成本较高;

(8)地热流体为热水、蒸汽混合状态时,需要将蒸汽分离出来;

(9)蒸汽中含有二氧化碳,但含量低于燃烧化石燃料的火力发电的含量;

(10)热水中含有 Na、K、Ca、Si、SO_4 等成分,对发电设备有一定的影响。

8.4　地热发电系统

地热发电利用蒸汽流体发电,根据蒸汽中是否有杂质、蒸汽温度的高低,地热发电的方式也有所不同。如前所述,地热发电有直接蒸汽发电、扩容发电、双循环发电、干热岩发电以及岩浆发电等方式,根据这些发电方式可将发电系统分为直接蒸汽发电系统、扩容发电系统、双循环发电系统、干热岩发电系统以及岩浆发电系统。这里主要介绍发电系统的构成、发电原理、特点以及应用等。

8.4.1　直接蒸汽发电系统

直接蒸汽发电是一种直接利用自然形成的地热储存库中的纯蒸汽进行发电的方式。这种发电方式通过工作井直接抽取从地下喷出的不含热水的纯蒸汽,清除其中的固体杂质后送入汽轮机做功,带动发电机发电。由于该系统不使用汽水分离器,因此该发电系统称为直接蒸汽发电系统或干蒸汽发电系统。

直接蒸汽发电有两种方式,一种是背压式,另一种是凝汽式。在背压式直接蒸汽发电系统中不使用凝汽器和冷却装置,通过汽轮机做功后的蒸汽直接排入大气中。该发电系统结构比较简单,但发电效率较低,出力较小。在凝汽式直接蒸汽发电系统中使用了凝汽器和冷却装置,由于汽轮机出口的蒸汽压力远低于大气压力,因此汽轮机可充分地利用地热能。该系统发电效率较高、出力较大。

8.4.2 扩容发电系统

扩容发电利用从工作井抽取的热水和蒸汽的混合流体,使用汽水分离器分离后的高压蒸汽或经减压沸腾器的低压蒸汽发电。地下的液相地热流体在通过工作井上升的过程中减压沸腾(即在地下扩容)变为热水和蒸汽(称为一次蒸汽),经汽水分离器分离后的高温高压蒸汽被送入汽轮机的涡轮高压段做功,驱动发电机发电;

如果被分离的热水温度不太高,则经还原井返送至地下,如果被分离的热水仍为可用的高温高压热水,则通过减压沸腾器(称为扩容蒸发器)再次进行减压沸腾产生蒸汽(称为二次蒸汽),并送入汽轮机的涡轮低压段做功,驱动发电机发电。可见这种扩容发电可利用高、低温蒸汽发电,发电效率较高。扩容发电方式有两种,即单扩容发电方式和双扩容发电方式。

1. 单扩容发电系统

在扩容发电系统中,只利用一次蒸汽发电的系统叫单扩容发电系统。单扩容发电系统可分为背压式和凝汽式两种,在背压式单扩容发电系统中不使用凝汽器、冷却塔等。而在凝汽式单扩容发电系统中设有凝汽器、冷却塔等以提高发电效率,如图8.5所示。

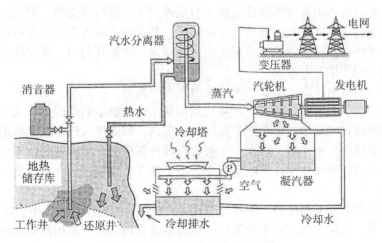

图8.5 凝汽式单扩容发电系统

2. 双扩容发电系统

在扩容发电系统中，同时利用一次蒸汽和二次蒸汽发电的系统叫双扩容发电系统。图 8.6 所示为凝汽式双扩容发电系统。该系统工作时，地下的地热流体在通过工作井上升的过程中变为减压沸腾的热水、蒸汽，经汽水分离器对其进行分离，分离出的一次蒸汽被送入汽轮机的涡轮高压段做功，并驱动发电机发电。如果汽水分离器所分离出的热水仍为高温高压热水时，则通过减压沸腾器再次进行减压沸腾产生二次蒸汽，并将其送入汽轮机的涡轮低压段，驱动发电机发电。与单扩容发电系统相比，双扩容发电系统同时利用一次蒸汽和二次蒸汽发电，可有效利用蒸汽的热能，热效率可提高 15%~20%。

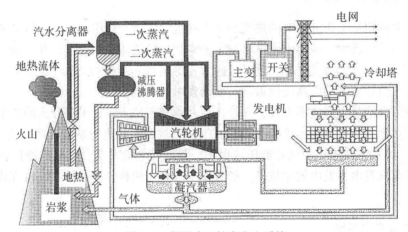

图 8.6 凝汽式双扩容发电系统

8.4.3 双循环发电系统

当从地下抽取的热水或含有少量蒸汽的热水的压力和温度较低时，则不能满足汽轮机运行的要求，此时可利用蒸发器使低温热水与低沸点工质进行热交换，即利用热水将工质加热并产生高温高压工质蒸汽，推动汽轮机运转，并带动发电机发电。发电后的低温蒸汽经凝汽器、冷却塔冷却，通过热工质泵送回蒸发器进行再循环利用，所以称该系统为双循环发电系统或中间工质发电系统。

图 8.7 所示为双循环发电系统。该系统由汽水分离器、蒸发器、凝汽器、工作井、还原井、泵、汽轮机、发电机等组成。该系统利用从工作井抽取的低温热水或含有少量蒸汽的低温热水将低沸点工质加热汽化产生高压高温蒸汽，然后送入汽轮发电机组发电。在常见的蒸汽发电系统中，由于地下热水中一般含有各种各样的杂质，这些杂质可能会腐蚀金属材料或发电设备。而在双循环发电系统中，由于热水不直接进入发电设备，因此不会产生腐蚀等问题。

双循环发电具有如下的优点：①可以利用 200℃ 以下的地热资源发电；②可有效地利用低温热水发电；③由于蒸汽中不含杂质，所以不会出现汽轮机水垢附着现象；④由于该系统是封闭系统，不会向大气中排放二氧化碳及其他有害气体，对环境友好。

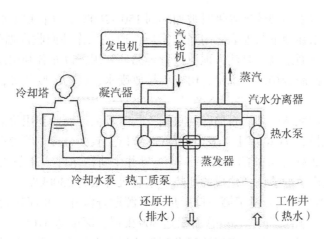

图 8.7 双循环发电系统

8.4.4 干热岩发电系统

由于地球深处的岩石中的放射性物质铀等元素的衰变、固化岩浆的作用等，在地球深处蕴藏着一种含有大量热能的干热岩，它并非存在于火山带，在其周围也不存在自然的水或蒸汽，一般埋藏于离地表 2~10km 的深处，温度为 150~650℃。而离地表 2~5km、温度约 200℃的干热岩可开发用于发电。在地下有干热岩的地方，由于没有天然的水和蒸汽，因此需要从地面将水注入人工开凿的干热岩裂缝内，然后抽取高温热水和蒸汽发电，这种发电方式称为干热岩发电。

图 8.8 所示为干热岩发电系统。该系统由人工地热储存库、工作井、注水井、汽水分离器、水泵、冷却器、汽轮机、发电机等组成。一般先在干热岩中挖掘注水井，并进行压裂形成裂缝破碎带，再钻一口穿过该裂缝破碎带的工作井，然后从地表将水压入注水井

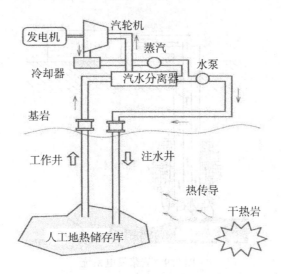

图 8.8 干热岩发电系统

85

中，当水流过干热岩中的裂缝破碎带时被加热到 150~200℃，并在地下形成人工地热储存库。利用水泵使热水在地下与地表之间强制循环，通过工作井回收高温热水和蒸汽发电，发电后的冷却水再次通过高压泵注入地下进行再循环利用，以充分利用发电过程中未被完全使用的热能。在此闭合循环系统中，由于不排放废水、废物、废气等，因此对环境没有不良影响。

干热岩发电利用地球内部岩石储存的热能，具有较大的商业利用价值，从经济的角度考虑，发电系统规模 200MW 以上、发电期限 30 年以上较为合理。美国在新墨西哥州北部的地热发电站打了 2 口约 4km 的深斜井，从一口井中将冷水注入干热岩体，从另一口井抽取由干热岩加热产生的蒸汽，建成的地热电站装机容量为 2300kW。

我国于 2015 年在福建开凿了第一口干热岩资源勘查深井，井深达到 4km，2017 年在青海共和盆地发现了 18 处干热岩，总面积达 3092km²，深度达 3705m，温度高达 236℃，可用于发电。虽然我国对干热岩资源的开发和干热岩发电技术的研究较晚，但发展非常迅速。除了我国之外，进行干热岩发电研究的还有日本、英国、法国、德国和俄罗斯等国，由于干热岩发电还有许多尚未解决的技术问题，因此世界各国仍在大力研发之中。

8.4.5 岩浆发电系统

在活火山的下面通常存在火山热能，其热能来自岩浆，温度为 650~1300℃，岩浆发电利用地下深处岩浆的热能发电。这种发电方式与干热岩发电不同，它直接利用岩浆的热能进行发电，可以不断地抽取该处的热能加以利用。

图 8.9 所示为岩浆发电系统，该系统由抽热层、发电站、内管、外管等组成。抽热层位于岩浆附近，工作井从地面直达抽热层，抽热层中插有外管，隔热性能较好的内管插在其中。系统发电时从外管注入冷水，外管中的冷水通过与抽热层进行热交换变成高温热水，从内管抽取热水并送往地面的汽轮机驱动发电机发电。岩浆发电需要较高的挖掘技术、岩浆探测技术以及高热能转换技术等，目前还在研发之中。

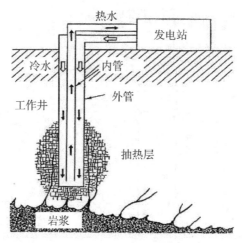

图 8.9　岩浆发电系统

8.5 地热发电应用

世界上第一座地热电站于 1913 年在意大利的拉德瑞罗建成，它直接利用从地下喷出的高温高压蒸汽发电，该电站的初期装机容量较小为 0.55kW。图 8.10 所示为西藏羊八井地热电站，它位于拉萨市西北约 90km 的当雄县境内，装机容量为 2.52 万 kW。该地热电站已与拉萨市电网并网，主要为拉萨市供电，也是藏中电网的骨干电源之一。图 8.11 所示为日本大分县八丁原双扩容地热电站，总装机容量为 110MW，与单扩容地热电站相比，该电站可有效利用地热发电，发电量增加约 20%。

图 8.10　西藏羊八井地热电站　　　　图 8.11　日本八丁原双扩容地热电站

第9章 海洋温差发电

海洋能是指蕴藏在海洋中的可再生能源。海洋能主要有波浪能、潮汐能、海洋温差能、海流能、潮流能、海洋盐差能等。海洋能发电利用海洋中的可再生能源发电，主要有波浪发电、海洋温差发电、潮汐发电、海流潮流发电以及海洋盐差能发电等。

海洋温差能是海洋中的浅层海水与深层海水之间的水温差所具有的能量，它是一种可再生能源。海洋温差发电(ocean thermal energy conversion)则利用海洋温差能进行发电，由于这种发电方式具有能源丰富、清洁环保以及发电出力稳定等特点，越来越受到人们的关注。

本章主要介绍海洋能、海洋能的种类与发电利用方式、海洋能发电的特点、海洋温差能、海洋温差发电原理、种类、特点、发电系统以及发电应用等内容。

9.1 海洋能

9.1.1 海洋能

海洋面积约占地球表面积的70%，海洋能来自太阳光、太阳和月球对地球的引力作用等。通过海水对太阳能等能量的吸收、储存和释放，海洋能呈现出多种形式，主要种类有波浪能、潮汐能、海洋温差能、海流能、潮流能、海洋盐差能等。海洋能蕴藏的能量极其巨大，理论上可再生的总量为766亿kW。海洋年发电的潜在量为：波浪发电量约为 $80×10^{12} kWh/a$，潮汐发电量约为 $0.3×10^{12} kWh/a$，海洋温差发电量约为 $10×10^{12} kWh/a$。

海洋能蕴藏丰富、分布广、清洁无污染，但由于存在能量密度低、地域性强等问题，开发应用受到一定的局限，目前海洋能主要用于发电，主要有波浪发电、海洋温差发电、潮汐发电、海流潮流发电以及海洋盐差能发电等。在潮汐发电、海流潮流发电中，通常使用水轮机将海水的能量转换成旋转的机械能，发电原理与水力发电基本相同。

9.1.2 海洋能种类与发电利用方式

海洋能包括波浪能、潮汐能、海洋温差能、海流能、潮流能、海洋盐差能等。海洋能以动能、热能、化学能等形式存在。动能形式的有波浪能、潮流能、潮汐能等；热能形式的有浅层海水与深层海水之间的温差能；化学能形式的有海洋盐差能。可将这些种类的海洋能进行有效转换，用于驱动发电机发电。表9.1所示为海洋能种类与发电利用方式。

表 9.1 海洋能种类与发电利用方式

海洋能种类	海洋能发电利用方式
波浪能	利用海水、空气的运动(如振动)所产生的能量
潮汐能	利用海水涨潮、落潮过程中所产生的水位差(即位能)
海洋温差能	利用浅层海水与深层海水之间的水温差
海流能	利用海水水平方向流动所产生的能量
潮流能	利用海水涨潮、落潮时海水周期变化流动所产生的能量
海洋盐差能	利用海水和江河水相交汇处的淡水与海水的盐分浓度差

9.1.3 海洋能发电的特点

现在利用海洋能进行发电的方式多种多样，主要的发电方式有海洋波浪发电、海洋潮汐发电以及海流潮流发电等。海洋能发电的特点如下。

(1)具有可再生性，海洋能主要来源于太阳能等，这种能源可再生，且取之不尽，用之不竭;

(2)有较稳定与不稳定能源之分，如海洋温差能、海洋盐差能和海流能是较为稳定的能源，而潮汐能、潮流能以及波浪能为不稳定的能源;

(3)海洋能发电利用可再生能源，是一种清洁能源，对环境影响很小;

(4)能量密度低，如海洋温差发电以及海洋盐差能发电等;

(5)海洋能发电还存在成本高、技术难度大等问题。

9.2 海洋温差能及其分布

9.2.1 海洋温差能

在太阳辐射的作用下，海洋深度 100m 以内的海洋浅层水温上升，可达 25～30℃ 以上，称为高热源。由于北极和南极的深海水流的流动，海洋深层处于低温状态，海洋 800～1000m 的深层海水温度在 5～7℃ 之间，称为低热源，因此海洋的浅层水温与深层水温之间形成温差。

海洋温差发电利用海洋浅层热水与深层冷水之间的温差发电，因此是一种间接利用太阳热能的发电方式。海洋面积约占地球表面积的 2/3，每秒约有 55.1×10^{12} kW 的太阳能量到达海洋的表面，如果其中 2% 的能量被用于海洋温差发电，可产生约 1.1×10^{12} kW 的电能。

9.2.2 海洋温差能分布

图 9.1 所示为不同地域海水的温度分布。图中为夏威夷、波多黎各、墨西哥湾以及瑙鲁的海洋温度分布情况。夏威夷位于太平洋，波多黎位于加勒比海的大安的列斯群岛东

部，墨西哥湾位于北美洲大陆东南，瑙鲁位于中太平洋。由图可见，海水的温度随地域、水深等变化，如水深 1500m 处的水温为 3~4℃，而海面的水温为 24~29℃，温差超过 20℃，因此可利用此温差进行发电。

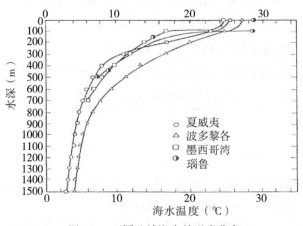

图 9.1   不同地域海水的温度分布

9.3   海洋温差发电原理

图 9.2 所示为海洋温差发电的一般原理。海洋温差发电装置利用海洋浅层热水，其温度约 25℃，通过蒸发器(即利用热量促使液体沸腾汽化并使汽液两相完全分离的装置)将低沸点工质加热成蒸汽，然后将蒸汽输送到汽轮机做功并驱动发电机发电，汽轮机做功后排出的高温气体通过凝汽器(是将汽轮机排汽冷凝成水的一种换热器，又称复水器)与来

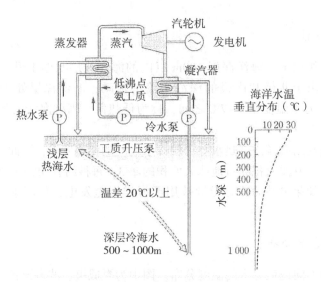

图 9.2   海洋温差发电原理

自冷水泵的海洋深层冷水进行热交换变成液体，并输送到蒸发器汽化进行循环利用。这种发电方式与地热发电的双循环发电方式类似。低沸点工质一般使用氨或丙烷，氨的沸点为13~25℃，在此温度时氨会蒸发。图中右侧为海洋水温垂直分布图，浅层水温为 28 ~ 30℃，水下 1000m 的深层水温为 4~6℃，温差为 24℃左右。

9.4　海洋温差发电的种类和特点

9.4.1　海洋温差发电的种类

海洋温差发电可分为闭环式和开环式两种方式。在闭环式海洋温差发电中，发电时使用低沸点工质，利用蒸发器将低沸点工质蒸发产生蒸汽，蒸汽被输送到汽轮机做功，驱动发电机发电，如图 9.2 所示的系统就是一种闭环式海洋温差发电系统；而在开环式海洋温差发电中，发电时不使用低沸点工质，汽轮机在差压的作用下旋转，驱动发电机发电。

9.4.2　海洋温差发电的特点

海洋温差发电的主要特点如下。
(1)海洋温差能丰富，发电无须使用其他燃料；
(2)发电利用浅层海水与深层海水之间的温差，它是一种可再生能源；
(3)可连续发电，是一种发电出力比较稳定的电源；
(4)浅层海水与深层海水之间的温差较小时，需要使用氨等工质；
(5)从深海抽取冷海水需要消耗动力；
(6)发电装置需安装在海边或海上平台上；
(7)可作为分布式发电。

9.5　海洋温差发电系统

海洋温差发电系统可分为闭环式温差发电系统和开环式温差发电系统两种。闭环式温差发电系统利用低沸点工质产生蒸汽，低沸点工质在系统中循环利用。开环式温差发电系统则利用海水的温差，使汽轮机运转并驱动发电机发电，而从汽轮机排出的低温蒸汽经凝汽器进行冷却后直接排往大气中。

9.5.1　闭环式海洋温差发电系统

闭环式海洋温差发电利用浅层热海水和深层冷海水之间的温差，一般采用氨等低沸点工质，氨工质在蒸发器中被约 25℃的海水加热，产生高温氨蒸汽，然后将高温氨蒸汽输送到汽轮机做功，并驱动发电机发电。汽轮机排出的低温氨蒸汽在凝汽器中被海洋深层的冷海水(约 5℃)冷却成液体，再经工作泵加压后输送到蒸发器进行循环利用。由于低沸点工质在系统中不断循环，因此该发电系统称为闭环式海洋温差发电系统。

图 9.3 所示为闭环式海洋温差发电系统。该系统安装在海上平台上，由蒸发器、凝汽

器、工作泵、汽轮机以及发电机等组成。系统工作时首先利用热水泵将 25~30℃ 的浅层热海水送入蒸发器,让其通过小圆管或隔板,将蒸发器中的工质氨加热成为氨蒸汽,然后通过管道将氨蒸汽送入汽轮机将氨蒸汽的热能转换成旋转的机械能,最后汽轮机带动发电机,将汽轮机的机械能转换成电能。做功后的氨蒸汽从汽轮机送入凝汽器,由于在凝汽器中的小圆管内或隔板间通有 5~7℃ 的深层冷海水,因此在凝汽器中氨蒸汽被凝结转换成氨液体,工作泵将氨液体再次送入蒸发器,重复上述过程。所以只要浅层热海水与深层冷海水之间存在一定的温差,闭环式海洋温差发电系统就可持续发电。

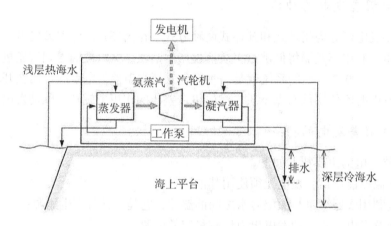

图 9.3 闭环式海洋温差发电系统

图 9.4 所示为蒸发器和凝汽器之间的温度关系。氨受到浅层热海水的作用,在蒸发器内被加热成 22.6℃ 的氨蒸汽,然后将氨蒸汽送入汽轮机做功,驱动发电机发电。从汽轮机排出的氨蒸汽经通有深层冷海水的凝汽器进行冷却,变成 12.1℃ 的液体,然后经工作泵返回至蒸发器进行再利用。

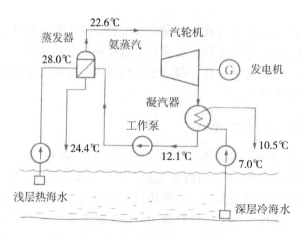

图 9.4 蒸发器和凝汽器之间的温度关系

9.5.2 开环式海洋温差发电系统

在开环式海洋温差发电系统中不使用低沸点工质，而是直接利用浅层热海水使蒸发器产生蒸汽，驱动汽轮发电机组发电。汽轮机工作后的蒸汽不再被送回蒸发器进行再利用，而是送至凝汽器进行冷却后直接排往大气中，所以这种发电系统称为开环式海洋温差发电系统。

图9.5所示为开环式海洋温差发电系统。该系统发电时首先使用真空泵使蒸发器、汽轮机以及凝汽器中形成低压，然后将约28℃的浅层热空泵使蒸发器、汽轮机以及凝汽器中形成低压，然后将约28℃的浅层热海水送入蒸发器中蒸发变成水蒸气(25℃的水蒸气压力约3000Pa)，然后将水蒸气送入汽轮机做功，排出的水蒸气被送回至凝汽器进行冷却凝结成水，使水温降至低于深层海水的温度，此时的水蒸气压力约为1500Pa，汽轮机在差压1500Pa的作用下旋转，驱动发电机发电。

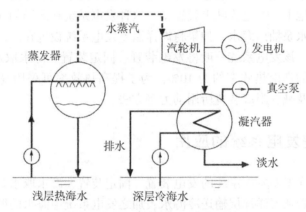

图9.5 开环式海洋温差发电系统

9.5.3 新型海洋温差发电系统

图9.6所示为新型海洋温差发电系统，该系统是传统的闭环式海洋温差发电系统的改进型，设有两台汽轮机和一台吸收器。在传统的海洋温差发电系统中一般只利用氨工质发电，发电效率较低。而在新型海洋温差发电系统中，工质为氨水混合工质(即氨水溶液)，该工质可降低汽轮机涡轮内的空气压力和循环内的沸点，可利用低温使氨蒸发进行低温发电。与传统的温差发电系统相比，新型发电系统的循环效率可提高50%~70%，热效率较高。

新型海洋温差发电系统发电时，首先将由氨水混合而成的工质送入蒸发器，利用浅层热海水(25~30℃)将其蒸发变成氨蒸汽，然后利用汽水分离器进行分离，将分离出的氨蒸汽送入汽轮机1和汽轮机2做功，驱动发电机发电。通过汽轮机后的工质经吸收器吸收并送入凝汽器，然后利用深层冷海水(5~9℃)对工质进行冷却还原成液体，最后利用工质循环泵将液体送入蒸发器循环利用。

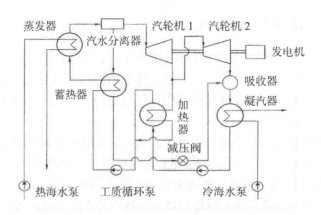

图 9.6　新型海洋温差发电系统

　　海洋温差发电系统除了发电装置以外，还需要配备海水取水等附属设备。海洋温差发电系统可设置在陆地上，称之为陆上设置型，这种发电系统在海洋的浅层和深层需分别设置取水管，并利用水泵抽出海水。如果将海洋温差发电系统设置在海洋平台上或船上，则称之为海上设置型，该发电系统一般将发电装置、固定装置、海水取水管等设置在海上。另外海洋温差发电的理论热效率约为 10%，为了提高热效率可采用高效率热交换器、使用大型发电装置以及减少附属装置所用动力等方法。

9.6　海洋温差发电系统的应用

　　海上设置型海洋温差发电系统的发电装置、固定装置、海水取水管等设置在海上，需要配备较长的取水管从海洋深层输送冷海水，加之发电系统中海水的循环量较大，与传统的发电方式相比，发电成本较高，将来可作为分布式发电系统使用。图 9.7 所示为新型海洋温差发电系统，深层冷海水温度为 8℃，浅层热海水温度为 28℃，温差为 20℃，海洋温差发电系统设置的船上，发电出力为 1000kW。

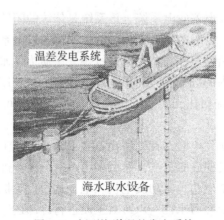

图 9.7　新型海洋温差发电系统

第10章 风力发电

风能资源来自太阳能引起的气压差、温差以及地球自转导致的偏西风。风力发电（wind power generation）是一种利用风机将空气流动（即风）的运动能量（即动能）转变成旋转的机械能驱动发电机发电的方式。风力发电利用可持续、可再生、清洁无污染的风能，风力发电机组构造比较简单、发电成本较低、比较安全、发电无污染，但存在能量密度低、出力不稳定以及噪声等问题。

由于使用化石燃料发电会引起环境问题，而风能资源非常丰富、发电成本较低、发电清洁环保以及发电技术的进步，近年来风力发电受到人们的高度关注，世界各国正在大力推广应用和普及，具有很好的发展前景。

本章介绍风能、风力发电系统的基本构成、风机工作原理、风机的种类、特点和特性、各种风力发电系统以及风力发电应用等。

10.1 风能

10.1.1 风能的产生

风能由大气的循环产生，而大气的循环是在太阳能的作用下产生的。风产生的主要原因有两个，一个是由太阳热能引起的气压差、温差，另一个是由于地球自转导致风向变化，形成偏西风气流所产生的偏西风。太阳辐射较强的海面会引起气温上升，在海面形成高气压，高气压上升会在高空形成低气压，这样形成的高、低气压之间的气压差导致风的产生。另一方面，不同地域如赤道与北极、南极之间的温差会引起热对流导致风的产生。太阳辐射至地球表面的能量，在赤道附近较强，而在两极附近较弱，在赤道附近，暖气流上升并经由高空流向南北极地，两极地的冷气沿地表回流至赤道形成循环，在温差的作用下产生风。

10.1.2 风能的大小

风来自空气的流动，流动的空气是一种流体，它具有动能，如果流体的质量用 m 表示，速度用 v 表示，则运动物质的动能为 $\frac{1}{2}mv^2$，如果受风面积为 A（m^2），风速为 v（m/s），则单位时间内通过受风面积的风的质量为 ρAv，风能 P（W）可用下式表示：

$$P = \frac{1}{2}(\rho Av)v^2 = \frac{1}{2}\rho Av^3 \tag{10.1}$$

式中，ρ 为空气密度，kg/m^3，大气压为 1，温度为 0℃时，ρ 为 1.293（kg/m^3）。由上式可

知，风能与空气密度、受风面积以及风速的三次方成正比，受风面积越大则风能也越大，风速越大风机所获得的风能也越大，因此利用风机发电时应将风机安装在受风面积大、风速大等风况较好的地方，以便风力发电机组获得较大的发电出力。

10.1.3 风速与高度

由于风机所获得的风能与风速的三次方成正比，因此如何获得较大的风速非常重要。由于在地表附近的温度分布、地形等原因，风向、风力分布比较复杂，因此风速会受山川、湖泊、海洋、森林、田地、建筑物等的影响呈现复杂的变化，对风力发电影响很大。一般来说，地表附近的风速较低，而高空的风速较大，风速 v 与高度 h 的关系可用下式表示。

$$v = v_1 \left(\frac{h}{h_1} \right)^{1/n} \tag{10.2}$$

式中，v_1 为高度 h_1 时的风速；n 为地表系数，城市取 2、森林取 4、平原取 7、海面取 10 等，可见风速与高度和地表系数密切相关。在地表由于地形、植物、建筑物等的摩擦影响，风速较低，越往高空则风速越大，而且风向变动较少，因此风机的高度在不断增加，单机发电功率也越来越大。

10.2 风力发电系统的基本构成

图 10.1 所示为桨叶型风力发电系统的基本构成，该系统主要由叶片、主轴、增速机（即齿轮箱）、制动器、风向风速计、发电机、偏航控制系统、仰角（指叶片的中心线与风向之间的夹角）控制系统、塔杆、系统并网装置等组成。叶片用来将风的能量转换成旋转的机械能；增速机用于转速较低的风机，增加转速以满足发电机发电的需要；发电机用来将风机获得的机械能转换成电能；偏航控制系统用来调整风机叶轮使之面向风向以获得较大的风能；仰角控制系统用来调整叶片的仰角、风机出力以及转速；系统并网装置可实现风力发电系统与电力系统的并网；变压器将风力发电机的输出电压升压。风力发电系统工作时，叶片在风力的作用下旋转，将风能转换成旋转的机械能，然后驱动发电机发电，发

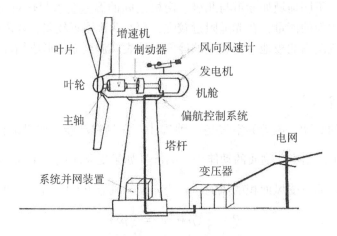

图 10.1 桨叶型风力发电系统的基本构成

出的电能经系统并网装置接入电网。

10.3 风机工作原理

10.3.1 升力和阻力

图 10.2 所示为桨叶型风机叶片产生升力和阻力的原理。由叶片断面可见,叶片头部的上、下面部分的形状存在差异,呈弯曲流线形,叶片的中心线与风向成一定角度,称为仰角 α(又称桨距角)。由叶片的形状可知,叶片在空气流体的作用下产生力 F,该力可分解为两种力,即与流体流动方向平行的力称为阻力 D,而与其垂直的力称为升力 L,由于叶片上侧气流的流速快,导致压力低,而在叶片下侧,正好相反,由此产生升力,桨叶型风机在升力的作用下旋转,驱动发电机发电。风机可利用升力做功,也可利用阻力做功,前者称为升力型风机,后者称为阻力型风机。

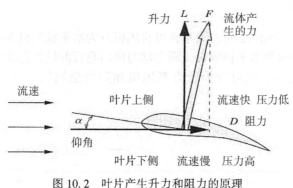

图 10.2 叶片产生升力和阻力的原理

10.3.2 风机工作原理

图 10.3 所示为桨叶型风机工作原理。由风速与叶片旋转速度(即叶片旋转所产生的迎风速度)二者合成的速度称为合成速度,该速度作用于叶片,产生垂直的升力和平行的阻力,将升力和阻力投影到叶片旋转速度的方向,由于升力大于阻力,因此叶片在升力的作用下沿叶片旋转速度方向旋转。升力 L 和阻力 D 一般用下式表示。

$$L = C_L \frac{\rho v^2 A}{2} \tag{10.3}$$

$$D = C_D \frac{\rho v^2 A}{2} \tag{10.4}$$

式中,C_L 为升力系数;C_D 为阻力系数,其值与物体形状、仰角等有关,是风力发电的重要参数。上式中其他符号的名称和单位如前所述。为了便于调试、维修时校正叶片的位置,一般将叶片受风面积最大时的角度,即叶片的仰角 0° 位置标定在叶片侧和轮毂侧。另外将风机的停止位置标定为 90°,超过此角度时电气接点将断开,防止风机旋转超过设定点,以保证风机的安全。

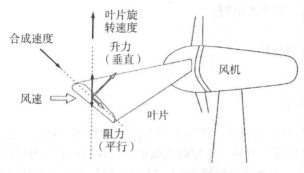

图 10.3 桨叶型风机工作原理

10.4 风机的种类和特点

10.4.1 风机的种类

根据风机的主轴与风向之间的关系，可将风机分为水平轴风机和垂直轴风机两种。主轴与风向平行的风机称为水平轴风机，而主轴与风向垂直的风机称为垂直轴风机。若根据驱动风机的原理来分类，则可分为升力型风机和阻力型风机。风机的种类较多，如图10.4所示。

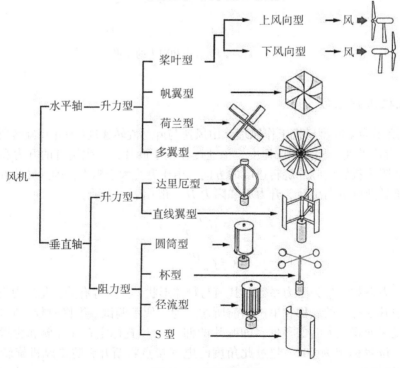

图 10.4 风机的种类

1. 水平轴风机

水平轴风机的主轴与风向平行，叶轮平均高度较高，有利于增加发电量，所以使用较多，是主流机型。水平轴风机可分为升力型和阻力型两类，升力型风机的转速较快，而阻力型的转速较慢。水平轴风机又分为上风向风机和下风向风机两种，叶轮在机舱前面迎风旋转的风机称为上风向风机，叶轮安装在机舱后面的风机则称为下风向风机。风力发电多采用升力型、上风向、水平轴风机。

2. 垂直轴风机

垂直轴风机的主轴与风向垂直，该风机可利用来自不同方向的风能，在风向改变时叶轮无需对着风向，因此可减少叶轮迎风时的陀螺力，不需要偏航控制系统，可简化结构设计。除此之外，增速机和发电机可安装在地面上，可减轻塔杆的重量，检修维护比较方便。

3. 升力型风机和阻力型风机

处在运动流体中的物体会受到力的作用，与运动流体垂直且向上的力称为升力，而与之平行的力称为阻力。利用升力工作的风机称为升力型风机，而利用阻力工作的风机称为阻力型风机。升力型风机的叶片如飞机的机翼一样，在机翼上下流体差压的作用下产生升力，风机的叶片在升力的作用下旋转；而阻力型风机与船帆利用风能使帆船行驶的原理类似，即风力直接作用于风机的叶片驱动风机旋转。升力型风机的转速可大于风速，转速较快、转换效率较高，主要用于发电。而阻力型风机的转速低于风速，转速较慢、转换效率较低，但转矩较大，可用于抽水、发电等。

10. 4. 2　风机的构成及特点

风机的种类较多，这里主要介绍在风力发电中常用的几种风机的构成和特点，主要有桨叶型风机、达里厄型风机、直线翼型风机、圆筒型风机以及径流型风机。

1. 桨叶型风机

桨叶型风机是一种高性能升力型风机，叶轮上一般安装有 2~3 枚叶片，输出功率大，发电应用较多。为了使叶轮正对风向，该风机需要配备偏航控制系统，图 10.5 所示为小型桨叶型风机，其偏航控制系统采用了垂直尾舵的方式。而对于下风向型风机，则利用叶轮朝向下风的原理改变方向，故称为被动式偏航控制系统。而大型桨叶型风机一般利用动力改变方向，采用主动式偏航控制系统。图 10.6 所示为大型桨叶型风机，该风机的塔杆高度和叶轮直径在不断增加，叶轮直径已达 172m 以上，叶片长度达 84m，单机容量达 8MW。由于塔杆越高，叶轮直径越大，发电出力也越大，因此桨叶型风机越来越大型化。

2. 达里厄型风机

图 10.7 所示为达里厄型风机。该风机在轴的上下两端安装有 2~3 枚弯曲的叶片，风机旋转时叶片在离心力的作用下向外扩展呈圆弧状。该风机的特点是转换效率较高约为

40%，略低于桨叶型风机，发电与风向无关，但启动运行特性较差。

图 10.5　小型桨叶型风机

图 10.6　大型桨叶型风机

图 10.7　达里厄型风机

图 10.8　直线翼型风机

3. 直线翼型风机

图 10.8 所示为直线翼型风机。它使用对称翼矩形叶片，将 3~4 枚叶片与轴平行配置，根据旋转位置可改变直线叶片的仰角。其特点是可改变叶片的仰角，转换效率可达 43%左右。

4. 圆筒型风机

图 10.9 所示为圆筒型风机(又称萨伏纽斯风机)。它使用 2~3 枚半圆筒型叶片，叶片对称布置，结构简单，利用风的差压产生旋转力矩。其特点是启动转矩大、低速运行性能好、转换效率约为 15%，可用于发电。

5. 径流型风机

图 10.10 所示为径流型风机。该风机在上下圆盘之间沿圆周方向安装多枚曲面叶片，利用叶片的凸、凹面之间的压力差产生旋转力矩。其特点是启动转矩大、低速运行性能好、噪声小、转换效率约 10%，可用于发电。

图 10.9　圆筒型风机　　　　　　　　图 10.10　径流型风机

10.4.3　风力发电的特点

风力发电主要有以下特点：
（1）风力发电利用风能，风能来自太阳能，取之不尽、用之不竭；
（2）风力发电利用可再生能源，不会污染环境，对地球环境友好；
（3）风力发电可作为分布式电源，发电不分昼夜，有风就可发电；
（4）可与太阳能光伏发电系统等组合，实现风光互补，提供稳定电能；
（5）在可再生能源发电中，是发电成本较低的发电方式之一；
（6）设置占地面积小、可节约土地资源；
（7）风能密度较低、分布不均匀、发电出力随季节、气候变动较大；
（8）存在噪声、电波障碍、影响景观等问题。

10.5　风机的各种特性

风机的发电运行、出力等与风机的各种特性密切相关，这里主要介绍仰角与升力系数和阻力系数、叶尖速比与转换效率、叶尖速比与转矩系数、风速与风机出力等特性。

10.5.1　仰角 α 与升力系数和阻力系数

图 10.11 所示为仰角 α 与升力系数和阻力系数之间的关系。由图可知，升力系数和阻

力系数随仰角变化而变化，升力系数在仰角上升到某值时会下降，出现失速现象，因此可利用仰角控制方法对叶片的仰角进行控制，进而对升力进行控制，由于升力与升力系数成正比，因而可达到对风机出力进行最优控制的目的。仰角控制系统不仅可对风机出力进行控制，还可在台风等强风时及时调整仰角，减少叶片的风压，停机以保证风机的安全。

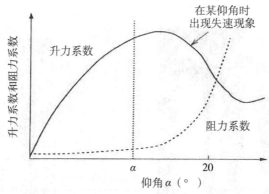

图 10.11　仰角与升力系数和阻力系数的关系

10.5.2　叶尖速比与转换效率

1. 叶尖速比

设风机叶轮半径为 R（m）、转速为 n（r/m），则叶轮的圆周速度 v_R 为

$$v_R = \frac{2\pi R n}{60} \tag{10.5}$$

叶尖速比 λ 是指叶片尖端的速度与风机前的风速 v_{in}（m/s）之比，由下式表示。

$$\lambda = \frac{v_R}{v_{in}} \tag{10.6}$$

$$= \frac{2\pi R n}{60 v_{in}} \tag{10.7}$$

叶尖速比是用来表征风机特性的一个非常重要的参数，它表示风机在一定风速下转速的高低，即表示叶片尖端以几倍的风速旋转。阻力型风机的叶尖速比小于 1，而升力型风机的一般为 5~10，即叶片的尖端以风速的 5~10 倍的速度旋转，叶尖速比一般为 2.5~15。叶片越长，或叶片转速越高，同风速下的叶尖速比就越大，它直接与风机的发电效率密切相关。

2. 转换效率

利用风机对风能进行转换时，由于受各种因素的影响转换效率不可能达到 100%，风机的转换效率 η_w（又称风能利用系数 C_p）是叶轮从风能中获得的能量 P_N 与叶轮扫过面积内的风能的百分比，它表示风机对风能利用的程度。风机的转换效率 η_w 可用下式表示。

$$\eta_w = \frac{P_N}{\frac{1}{2}\rho A v^3} \times 100\% \qquad (10.8)$$

风机的理论效率为 59.3%，但在风能通过叶片转换成旋转的机械能的过程中，由于叶片在旋转的过程中产生摩擦、振动等会导致能量损失，叶片的尖端会产生涡流损失等，因此风机只能将约 40% 的风能转换成旋转的机械能，高性能风机的转换效率可达 45% 左右。为了提高风机的转换效率，可通过增加叶轮直径和风机高度等方法来实现。

3. 叶尖速比与转换效率

图 10.12 所示为风机的转换效率与叶尖速比的关系。由图可知，与其他风机相比，桨叶型风机的转换效率和叶尖速比较大，所以桨叶型风机适用于高速旋转的场合。一般来说风机使用多个叶片，当风速变化时可利用仰角控制系统调整叶片的转速和转矩，根据风速的变化调整叶尖速比，使叶片处在高效工况下运行。

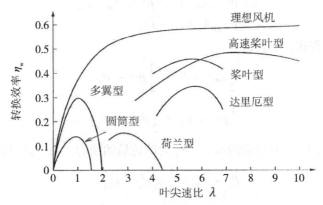

图 10.12　风机的转换效率与叶尖速比的关系

4. 叶尖速比与转矩系数

在风力的作用下叶轮旋转产生转矩，一般用下式表示。

$$Q = \frac{1}{2}C_Q \rho A R v^2 \qquad (10.9)$$

式中，Q 为转矩，N·m；C_Q 为转矩系数；由上式可见，转矩与受风面积 A、叶轮半径 R 以及风速 v 的平方成正比。多翼型、荷兰型风机的转矩较大，可用于发电、抽水等。

10.5.3　风速与风机出力

1. 风机的出力

图 10.13 所示为流过叶轮的气流状况。对于流过叶轮的空气流管来说，假设叶轮前、叶轮处以及叶轮后的风速分别为 v_{in}，v，v_{out}，面积分别为 A_{in}，A，A_{out}，根据流体连续方

程，则下式成立。

$$v_{in}A_{in} = vA = v_{out}A_{out} \tag{10.10}$$

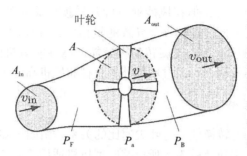

图 10.13　流过叶轮的气流状况

空气流过叶轮时，单位时间内流体损失的动量 M 为

$$\begin{aligned}M &= \rho(v_{in}A_{in})\,v_{in} - \rho(v_{out}A_{out})\,v_{out}\\ &= \rho\,v_{out}A_{out}(v_{in} - v_{out})\end{aligned} \tag{10.11}$$

根据伯努利方程式，下式成立。

$$\frac{1}{2}\rho v_{in}^2 + P_a = \frac{1}{2}\rho v^2 + P_F \tag{10.12}$$

$$\frac{1}{2}\rho v^2 + P_B = \frac{1}{2}\rho v_{out}^2 + P_a \tag{10.13}$$

式中，P_a 为大气压，P_F 为叶轮前的压力，P_B 为叶轮后的压力，由上式可得

$$P_F - P_B = \frac{1}{2}\rho(v_{in}^2 - v_{out}^2) \tag{10.14}$$

风作用于叶轮的力为

$$F = A(P_F - P_B) \tag{10.15}$$

由于此力与单位时间内流体损失的动量 M 相等，因此得到下式

$$\frac{1}{2}\rho A(v_{in}^2 - v_{out}^2) = \rho\,v_{out}A_{out}(v_{in} - v_{out}) \tag{10.16}$$

利用(10.10)式并对上式进行简化可得到下式。

$$v = \frac{1}{2}(v_{in} + v_{out}) \tag{10.17}$$

设流过叶轮的流体速度降低率为 ζ，即

$$\zeta = \frac{v_{in} - v}{v_{in}} \tag{10.18}$$

将此式变形得到

$$1 - \zeta = \frac{v}{v_{in}} \tag{10.19}$$

$$v_{in} - v_{out} = 2\zeta\,v_{in} \tag{10.20}$$

则风机的出力 P 为

$$P = Fv = \frac{1}{2}\rho A (v_{\text{in}}^2 - v_{\text{out}}^2) v = 2\rho A v_{\text{in}}^3 \zeta (1 - \zeta)^2 \qquad (10.21)$$

2. 风速与风机出力

图 10.14 所示为转换效率 $\eta_\text{w} = 45\%$ 时，风速与风机出力之间的关系。对于不同叶轮直径的风机来说，风速不同则风机的出力也不同，风速大、风机的直径大则出力也大，这就是为何要增加风机高度和叶轮直径的原因。

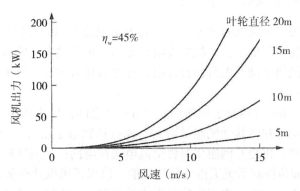

图 10.14　风速与风机出力的关系

10.6　风力发电系统

10.6.1　综合效率

风力发电利用风机将风能转换成旋转的机械能，然后驱动发电机将旋转的机械能转换成电能。然而风能并非全部都能转换成电能，在将风机获取的风能转换成电能的过程中，增速机、发电机等会产生能量损失。将风能转换成电能的综合效率可用下式表示。

$$\eta = \eta_\text{c} \, \eta_\text{g} \, \eta_\text{w} \qquad (10.22)$$

式中，η 为综合效率；η_c 为增速机效率；η_g 为发电机效率；η_w 为风机转换效率。如果风能为 100%，理论转换效率约为 60%，则桨叶型风机的效率大约为 40%。一般来说，大型桨叶型风机的转换效率为 40%~50%，小型风机为 20%~40%，微型风机为 20%~35%。增速机的效率约为 95%，大型发电机效率为 80%~95%，小型发电机效率为 60%~80%。由此可见，综合效率大约为 30%，即最终只有 30% 的风能被转换成电能。由于大型风力发电机组的综合效率较高，因此应尽量使用大型风力发电机组发电。

10.6.2　风力发电系统出力

由于叶轮的输入为 $\frac{1}{2}\rho A v_{\text{in}}^3$，叶轮的风能转换效率可用下式表示。

$$\eta_\text{w} = 4\zeta (1 - \zeta)^2 \qquad (10.23)$$

如果考虑发电机效率和增速机效率等，则风力发电系统的实际出力 P 为

$$P = \frac{1}{2}\rho\pi R^2 v^3 \eta_w\eta_g \eta_c \tag{10.24}$$

由上式可见，叶轮半径、风速的变化对发电出力影响较大。风力发电的出力与风速的三次方、叶轮半径的二次方成正比。因此，为了增加风力发电系统的出力，一方面要充分利用较大的风速，另一方面需要加大受风面积。即增加风机的高度、加大叶轮的半径。

10.6.3　风力发电系统的出力特性

图 10.15 所示为风力发电的出力特性，它表示风速与风力发电机组出力之间的关系。风力较弱、叶轮的转速较低时，风机与发电机分离。风力增大、风机转速增加并满足发电机的运行条件时，风机带动发电机运转发电，称之为切入运行。台风、暴风时风机停止运行，称之为退出运行。

从启动风速(3~4m/s)到额定风速(11~12m/s)之间，风机的出力与风速的三次方成正比，在此期间控制叶片使其受风能量增大，风机达到额定出力，电能可直接送往电网，也可先经整流器转换，再经并网逆变器将交流电送往电网；从风速超过额定风速到停止风速(25m/s)之间，仰角控制系统工作并释放风能，以保证风机处在额定出力状态。超过额定风速时利用固定桨叶产生的失速现象对出力进行调整，而转桨式桨叶则通过控制叶片的仰角，抑制叶轮的转速对出力进行调整，使出力保持一定。

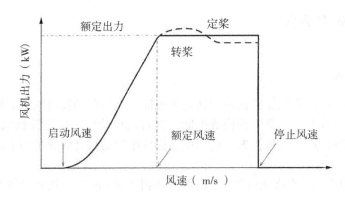

图 10.15　风力发电的出力特性

10.6.4　风力发电系统的构成

按桨叶型风力发电系统的构成部分分类，该系统可分为在风的作用下旋转的叶轮、安装在塔杆上部其内装有旋转机械和电气设备的机舱、支撑叶轮和机舱的塔杆以及将风机接入电网的系统并网装置等控制部分。

1. 叶轮

叶轮是指由叶片、用来固定叶片的轮毂、在轮毂中安装的仰角控制(又称变桨距控

制)系统等构成的旋转部分。它将风的能量转换成旋转的能量，并驱动发电机发电。2叶片风机的重量较轻、转速较高，但噪声较大，比较适合海上风力发电。3叶片风机由于转速低、运行比较稳定、噪声较低，实际应用较多。多叶片风机的叶片数一般为10～20枚，在小型风机中应用较多。轮毂是叶轮的运转中心，是固定叶片并将叶片的旋转力传至主轴的部件。

由于发电机一般在额定出力状态下工作，当超过一定风速时需要对风机的转速、出力进行控制，因此在大中型风机的轮毂内一般装有仰角控制系统。该系统根据风速、发电机出力等，通过电气或液压的方式改变叶片的仰角，控制叶片的升力和风机的转速，使风机处在高效范围内工作，并在台风等情况下将叶片从运行状态旋转90°左右，使叶片与风向平行，风机停止运行。

2. 机舱

机舱安装在塔杆上部，在其内部安装有旋转机械和电气设备等，主要有动力传动装置、主轴、对风旋转装置、增速机、发电机以及机舱控制盘等。机舱内的设备具有使叶轮增速、传递动力、驱动发电机发电等功能。

动力传动装置处在风机与发电机之间并兼有增速功能。风机的旋转机械能通过轮毂、主轴、增速机传递给发电机；主轴用来支撑轮毂，并将旋转的机械能传递给增速机；对风旋转装置是一种使叶轮始终正对风向的装置，它由旋回轴承、电机以及制动装置等组成。风机的转速一般较低，如2000kW级风机的叶轮通常以10～20rpm的速度旋转。为了提高低速运转风机的转速，使之与发电机所需的转速相匹配，通常使用增速机提高转速，然后驱动发电机风电。

3. 塔杆

塔杆用来支撑机舱(内有发电机等)和叶轮等，并使叶轮处在一定的高度以获得较大的风能，增加风机的出力。由于塔杆离地面越高风速越大，所以随着风机的大型化，塔杆的高度在不断增加。

塔杆有圆筒式、钢架式以及拉线柱式等结构。大型风力发电系统一般采用圆筒式塔杆，在其内部可安装控制盘、变压器、电缆等，可不受风雨、紫外线等的影响；钢架式塔杆类似输电铁塔，虽运输方便、成本较低，但由于影响景观，现在应用越来越少。而拉线柱式塔杆由于重量轻、成本低，主要在小型、微型风力发电系统中使用。

4. 控制部分

风力发电系统的控制部分包括偏航控制系统、系统并网保护装置、仰角控制系统以及发电机控制系统等。偏航控制系统利用风向标、风速计等测得的风向和风速等参数控制叶轮与风向保持一致，使风机处在高效运行状态，以提高风力发电机组的出力；系统并网保护装置用来实现风机与电网的并网、系统保护、系统监测等功能；仰角控制系统用来调整叶片的仰角、风机出力以及转速。

图10.16所示为失速控制和平桨控制。如图10.11所示，失速控制可控制叶片的仰角，使叶片与风向垂直，降低风机的转速和发电出力；平桨控制用来控制叶片的仰角，使

叶片与风向平行以降低风机的转速和发电出力。如遇到强风时需要进行平桨控制，调整叶片的仰角，减少风压的影响，必要时应使风机停止运行，以保证风机的安全。

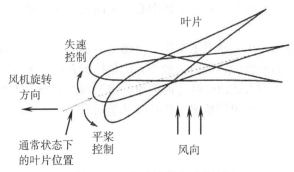

图 10.16 失速控制和平桨控制

10.6.5 风力发电机

1. 异步发电机和同步发电机

风力发电一般使用交流发电机。交流发电机分为异步发电机和同步发电机两种。与同步发电机相比，异步发电机具有结构紧凑、重量轻、成本低、并网容易等特点，因此在风力发电中应用较多。

使用同步发电机时，永磁铁的多极转子与主轴直接相连，定子绕组的输出经整流、逆变后直接与电网相连，在一定的风速范围内，可向系统输出频率稳定的交流电。由于发电机可采用多极等方法使同步发电机的转速与风机的转速匹配，因此风机与发电机之间不需要增速机，而是采取直接连接的方式，这种方式具有结构简单、无增速机机械损失、无噪声等特点，但由于电压、频率以及相角等易变动，所以并网不太方便。

2. 定速发电与可变速发电

风力发电方式可分为两种：一种是通过改变仰角使转速保持一定的定速发电方式，该方式一般使用异步发电机，将增速机与主轴相连，定子绕组与电网连接，转子以高于同期速度运转，将电能输送至电网；另一种是可变速发电方式，发电时风机的转速可根据最高效率时的风速进行调整。可变速发电方式又可分为两种，一种是利用同步发电机发电的方式，该方式可利用逆变器对随转速变化的频率进行调整，使之与电网的频率保持一致；另一种是利用绕线型发电机发电的方式，该方式采用低频交流励磁方式，可根据转速的变化调整频率，使之与电力系统频率相同。

3. 发电机的种类及特点

表 10.1 所示为风力发电用发电机的种类及特点。现在的高性能风机一般采用可变速、仰角控制方式，发电机采用多极同步发电机。有关风力发电机的详细内容可参考本书第 3 章"分布式发电设备"中的有关内容。

表 10.1   风力发电机的种类及特点

风力发电系统		发电机种类	增速机	优点	缺点
发电方式	控制方式				
定速	仰角控制 失速控制	鼠笼型感应发电机	有	价格低 可靠性高	出力变动大；叶片噪声大
可变速	仰角控制	绕线型感应发电机	有	出力变动小；发电量大；逆变器容量小；价格低；叶片噪声小	可变速范围有限
		多极同步发电机	无或小传动比	出力变动小；发电量大；叶片噪声小；无增速机	价格高；逆变器容量大

10.6.6　风力发电系统的控制方式

风力发电系统根据发电机的种类(如同步发电机 SG，异步发电机 IG 等)、与电网的并网方式(如交流 AC 方式、直流 DC 方式)以及是否有增速机等可构成不同的系统，风力发电系统主要有被广泛使用的异步发电机 AC 方式，同步发电机 DC 方式，以及可变速异步发电机 AC 方式等。

1. 异步发电机 AC 方式风力发电系统

图 10.17 所示为异步发电机 AC 方式风力发电系统，该系统主要由风机、异步发电机 IG、增速机、变压器、断路器等组成。风机采用固定翼叶片，不须进行仰角控制。发电机采用鼠笼型异步发电机，可直接与电网并网，风机跟随系统的频率，可在一定转速下运行，但发电效率低于可变速方式。

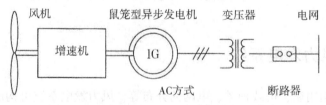

图 10.17　异步发电机 AC 方式风力发电系统

2. 同步发电机 DC 方式风力发电系统

图 10.18 所示为同步发电机 DC 方式风力发电系统，该系统主要由风机、同步发电机 SG、整流器、逆变器、变压器、断路器等组成。风机采用可动翼叶片，可进行仰角控制。由于采用了由整流器、逆变器构成的 DC 方式，所以省去了增速机。发电机采用多极同步发电机，发出的电能先经整流器转换成直流电能，再通过逆变器将直流电转换成交流电，然后与电网并网。这种方式由于使用了 DC 方式，可根据风速的变化对风机的叶片和发电

机的转速进行控制，所以发电效率较高。另外，由于 DC 方式可对风机出力进行控制，所以出力变动较小，并网时对电网的影响也小。

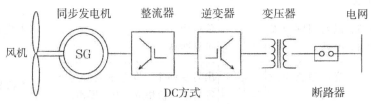

图 10.18　同步发电机 DC 方式风力发电系统

3. 可变速异步发电机 AC 方式风力发电系统

图 10.19 所示为可变速异步发电机 AC 方式风力发电系统，该系统主要由风机、增速机、可变速异步发电机 IG、逆变器、整流器、变压器、断路器等组成。风机采用可动翼叶片，可进行仰角控制。发电机采用绕线型可变速异步发电机，利用供给转子线圈的低频励磁电流对转速进行控制。这种控制方式也可根据风速的变化对风机叶片和发电机的转速进行控制，因此发电效率较高。整流器和逆变器用来为转子提供励磁电流，通过对转子线圈的励磁电流进行控制，以降低并网时对电网的影响。

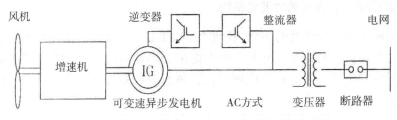

图 10.19　可变速异步发电机 AC 方式风力发电系统

10.7　各种风力发电系统

根据电能使用用途、负载种类、电网的分布等，风力发电系统可构成离网系统、并网系统等，电能可离网使用，也可通过并网送入电网。风力发电系统也可与太阳能光伏发电系统、柴油机发电系统、蓄电池等组合构成混合发电系统，提供高效、可靠、稳定的电能。

10.7.1　离网型风力发电系统

图 10.20 所示为离网型风力发电系统。该系统主要由风机、太阳能电池、蓄电池、逆变器以及充放电控制器等组成，蓄电池可将电能储存起来供停电等紧急情况下使用。由于蓄电池的输出为直流电，而负载通常使用交流电，因此需要利用逆变器将直流电转换成交流电，供家庭内的空调、冰箱、LED 照明灯等使用。除此之外，这种系统还可与太阳能

光伏发电系统进行组合构成混合发电系统，二者互补为公园的照明、气象观测等提供
电能。

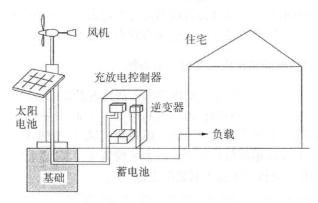

图 10.20　离网型风力发电系统

10.7.2　并网型风力发电系统

图 10.21 所示为并网型风力发电系统。在该系统中风力发电系统与电力系统并网成为
一体，多余电能可输往电力系统，可省去蓄电池，降低发电成本。并网型风力发电系统可
分为无反输电并网系统和有反输电并网系统两种，在无反输电并网系统中，用户使用风力
发电系统的电能，即使有多余电能也不输往电力系统，而在有反输电并网系统中，风力发
电系统的多余电能可输往电力系统。在并网型风力发电系统中需要使用并网逆变器，它具
有控制输出电压和频率、并网、事故保护等功能。太阳能光伏发电系统与风力发电系统组
合可构成混合发电系统，电能经并网逆变器转换成交流电。户用太阳能光伏发电系统一般
在室内配电盘处接入电网，买、卖电量通过买、卖电表进行计量。

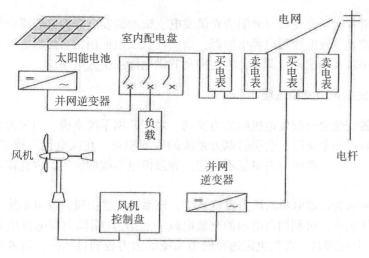

图 10.21　并网型风力发电系统

10.7.3　混合发电系统

风力发电系统可与太阳能光伏发电系统、柴油机发电系统、蓄电池等进行组合构成混合发电系统。如风力发电与其他原动机构成的混合发电系统、风力发电与光伏发电和柴油机发电构成的混合发电系统以及带蓄电池的风力发电系统等。

1. 风力发电与其他原动机构成的混合发电系统

图 10.22 所示为风力发电与其他原动机发电构成的混合发电系统。该系统中的原动机可为汽轮机、燃气轮机等，这些原动机可分别利用太阳热能、地热能、生物质能以及化石燃料等做功，驱动同步发电机发电。而风力发电系统由风机、发电机、整流器以及逆变器等组成。该混合发电系统可根据负荷需要、电力系统所需电能与风力发电出力的差值（指不足电能），利用同步发电机发电提供必要的电能。

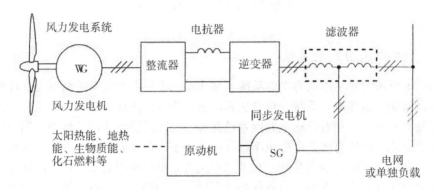

图 10.22　风力发电与其他原动机发电构成的混合发电系统

2. 风力发电与光伏发电和柴油机发电等构成的混合发电系统

图 10.23 所示为风力发电与太阳能光伏发电、柴油机发电等构成的混合发电系统。风力发电和太阳能光伏发电使用可再生能源，而柴油机发电使用化石燃料。对各发电系统的输出电压、频率以及相位进行调整，为离网负载供电能或接入电网。

3. 带蓄电池的风力发电系统

由于风速的变化会引起发电机的出力变动，对于并网系统来说，当风力发电机的发电量与负载的消费量不平衡时，会引起电力系统的频率变动，在风电接入较多的电力系统，可能会引起频率变动，造成电力系统不稳定，导致停电事故的发生，因此需要尽量减少风力发电的出力变动。

图 10.24 所示为带蓄电池的风力发电系统，该系统主要由风力发电系统、蓄电池系统以及配电系统等组成，可利用蓄电池的充放电减少总出力（指风力发电机出力与蓄电池出力之和）变动。其原理是：首先决定送往电力系统的出力控制目标值，当风力发电系统的出力大于控制目标值时会出现多余电能，此时利用蓄电池充电，反之则利用蓄电池放电。

根据控制目标值对总出力进行控制,可起到减少出力变动的作用。

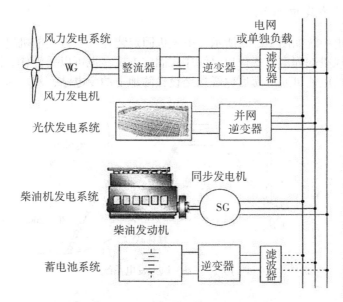

图 10.23　风力发电与光伏发电和柴油机发电等构成的混合发电系统

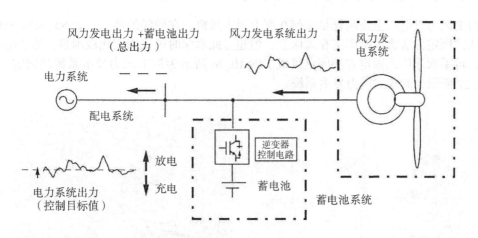

图 10.24　带蓄电池的风力发电系统

10.8　海上风力发电

　　海上风力发电是利用海上风能资源发电的方式,与陆上风力发电相比,由于不受陆地上的建筑物、山川河流等地形的影响,海上风力较强、风能相对稳定,比较适合于风力发电。海上风力发电除了可有效利用海上风能资源外,还可节省大量的陆上用地,可在海上安装大型、高速运转的风力发电系统,增加发电出力。尽管海上风力发电存在较多的问题,如固定风机、铺设海底电缆、影响渔业、影响航路以及安装和维修成本高等,但由于其显著的优点正得到大力推广应用。

10.8.1   海上风力发电系统

海上风力发电系统如图 10.25 所示，由风机固定装置、风力发电机组、海底电缆以及变电站等组成。风机的固定方式可以是海床式固定方式，也可以是浮体式固定方式，风力发电机组所产生的电能可通过海底电缆送至设在陆地上的变电站，然后送至用户或电网。

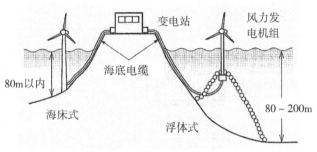

图 10.25   海上风力发电系统

10.8.2   海上风力发电系统的固定方式

海上风力发电的主要问题是如何在海上固定风机，在较浅的地方，如 50~80m 处可采用海床式固定方法将风机固定在海床上，但超过此水深时风机固定比较困难，为了解决此问题，可采取浮体式固定方法固定风机。图 10.26 所示为海上风力发电系统的固定方式，图 10.27 所示为海床式风力发电系统。

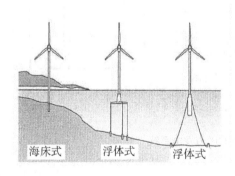

图 10.26   海上风力发电系统固定方式

图 10.27   海床式风力发电系统

10.9   风力发电的应用

10.9.1   陆上风力发电的应用

图 10.28 所示为陆上风力发电系统，该发电系统采用桨叶型风机，风机叶片数为 3

枚。安装在风力较强的山顶，发出的电能直接送入电网或通过专用输电线送往负荷中心。

图 10.28　桨叶型风力发电系统　　　　图 10.29　浮体式风力发电系统

10.9.2　海上风力发电的应用

图 10.29 所示为组合浮体式海上风力发电系统。在三角形的连接部件的顶点与中心部件之间安装有浮体，各风机安装在三角形连接部件的连接点。风力发电时浮体的摇动较小，倾角也小，适合在风浪较大的海域发电。

第11章 小型水力发电

水能是指水所具有的位能、动能等能量，水力发电(hydroelectric generation)是一种利用水的位能、动能等能量使水轮机旋转，驱动发电机发电的方式。小型水力发电是指出力在500~2.5万kW的水力发电，该发电具有高效灵活、成本低、资源可再生、清洁无污染、发电易受水文、气候、地貌等自然条件影响等特点。可作为分布式电源、调峰电源、备用电源等使用。

本章主要介绍水能、水电站概要、水力发电的原理、种类、特点、各种水轮机、发电机、调速器、水电站运行和控制以及应用等。

11.1 水能

雨水、融化的雪水是一种可再生的自然资源。大海、湖泊中的水由于太阳热能的蒸发形成水蒸气，水蒸气上升在空中被冷却凝固成水，然后以雨或雪的形式从天而降，水经河流汇入大海，然后重复上述过程，水在太阳能的作用下在地空之间往复循环。

据估算，世界的包藏水力量(即可以被开发利用的水力)可用于发电的大约为16万亿kWh/a，世界平均开发率约为20%。我国小型水力发电可开发量约为1.28亿kW，目前全国已建成农村小型水电站约4.7万座，总装机容量超过7500万kW，水力发电开发率为58.6%，西部地区的开发率为48%，因此小型水力发电开发和利用的潜力还很大。

11.2 水电站概要

小型水电站有多种类型，这里以图11.1所示的堤坝式水电站为例来说明水电站的构成。该水电站主要由上、下蓄水池、取水口、调压井、压力管道、排水口、水轮机、发电机以及输配电设备等组成。上蓄水池用来蓄水，并使水位上升形成一定的水头；下蓄水池用来储存发电后的排水；取水口用于取水并将水送入引水道；调压井用来抑制因水力发电机组(即由水轮机、发电机及附属设备构成的水力发电设备)紧急调荷、停机等所引起的水压上升，以保证压力管道、水轮机等设备的安全，在小型水电站一般不设调压井；压力管道用来将压力前池(为水轮机调节水量和水位的水池)的水送往水轮机进口，压力管道为封闭结构，水压高于大气压力；排水口将发电后的水引入下游的河流或下蓄水池。水电站主要有水轮机、发电机以及辅助设备等，水轮机将水流的能量转换成旋转的机械能；发电机将水轮机旋转的机械能转换成电能；输配电设备主要包括变压器、配电盘、开关等。

在堤坝式水电站，上蓄水池的水经引水道、压力管道引至水轮机的进口处并形成一定的水头，水轮机利用此水头和流量(指单位时间通过河流或压力管道等某一过水断面的水体体积)做功,将水的位能转换为机械能,通过发电机发电,最后通过输电设备将电能送往用户或电网。

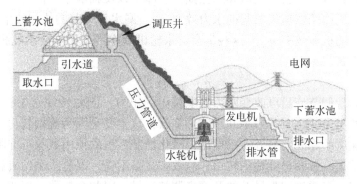

图 11.1 堤坝式水电站

11.3 水力发电机组的出力

11.3.1 水头

水的位能、动能和压力可用水的高度(即水头)来表示,即位置水头、流速水头、压力水头以及损失水头等,单位为米(m)。详细内容可参考本书第 2 章有关章节。在水力发电中,可将水头分为毛水头(即总水头)和净水头(即有效水头或工作水头),毛水头指水电站上游引水进口断面的水位和下游尾水出口断面水位之间的水位差。净水头指从毛水头中扣除引水系统各项损失(如沿程损失和局部损失)水头后的水头。

图 11.2 所示为反击式水轮机的诸水头之间的关系。设毛水头为 H_t(m),水流从取水口经引水道至压力管道的摩擦引起的损失水头为 h_1,尾水管出口的速度损失水头为 $v_2^2/(2g)$,排水道的损失水头为 h_2,则净水头为

$$H = H_t - \left(h_1 + \frac{v_2^2}{2g} + h_2 \right) \tag{11.1}$$

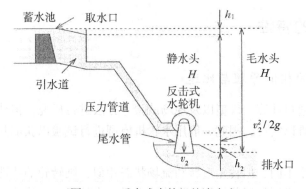

图 11.2 反击式水轮机的诸水头

11.3.2　水轮机的效率

在水轮机运行过程中会出现流体摩擦损失、漏水以及轴承摩擦损失等，这些损失引起的效率分别为：流体摩擦损失引起的水力效率 η_h、漏水等引起的体积效率 η_v 以及轴承等的摩擦损失引起的机械效率 η_m，这些都会对水轮机效率产生影响。水轮机效率 η 为它们的乘积，可由下式表示。

$$\eta = \eta_h \eta_v \eta_m \tag{11.2}$$

水头一定时，调节流量可改变水力发电机组的出力，同时会使水轮机效率发生变化。水斗式水轮机的出力变化时其效率几乎不会降低，这主要是因为流量变化几乎不影响从喷嘴喷出的水流速度的缘故。另外，根据出力变化增减喷嘴的使用数量可抑制效率降低。转桨式水轮机可根据流量调整叶片的转角，故效率几乎不变。混流式水轮机和定桨式水轮机由于叶片被固定，需通过调整导叶的开度来调整流量，因此会导致效率变动或降低。

11.3.3　水轮机的出力

水力发电利用从高处流向低处的水流，压力管道将水流引至水轮机，水轮机利用水的位能做功，并驱动发电机发电。水头越高流量越大则发电出力也越大。因此水轮机的理论最大出力与流量和水头密切相关。水轮机的理论最大出力 N_{th}（kW）可用下式表示：

$$N_{th} = \rho g Q H \tag{11.3}$$

式中，ρ 为水的密度，1000kg/m^3；g 为重力加速度，m/s^2；Q 为流入水轮机的流量，m^3/s；H 为净水头，m。考虑流体摩擦损失、旋转轴承的机械损失等，设水轮机效率为 η，则水轮机的实际出力 N_s（W）为

$$N_s = \eta \rho g Q H \tag{11.4}$$

11.3.4　水力发电机组的出力

在水力发电中，发电机将水轮机的机械能转换成电能，因此发电机在发电的过程中会产生机械、电气等损失。设发电机的效率为 η_g，则水力发电机组的出力 N_g 为

$$N_g = \eta_g N = \eta \eta_g \rho g Q H \tag{11.5}$$
$$= 9.8 \eta \eta_g Q H \tag{11.6}$$

11.4　水轮机的特性

11.4.1　水轮机的相似原理与比速

水轮机特性可通过计算、模型以及现场试验等方法进行研究，但计算、现场试验等方法受诸多条件限制难以实现，因此一般用水轮机模型进行试验以获取其特性，然后推测原型水轮机的特性。

如果转轮的大小不同，但转轮形状和流场状态相似，则转轮的特性也相似，与转轮的大小无关。对于尺寸不同但形状相同的水轮机来说，水轮机内的流体运动和特性存在相似

的关系，称为相似原理。设水轮机的转速为 n（r/m），净水头为 H（m），出力为 N（kW），以下的关系成立。

$$n \propto \frac{H^{5/4}}{N^{1/2}} \tag{11.7}$$

比速 n_s 是水头为 1m，出力为 1kW 时的转速，也就是说，水轮机利用 1m 的水头发出 1kW 的电能时 1 分钟的转速，单位为 mkW，用下式表示。

$$n_s = \frac{N^{1/2}}{H^{5/4}} \tag{11.8}$$

由上式可知，水轮机的比速可由水轮机的出力、净水头决定。低水头的水电站使用高比速的轴流式水轮机，可实现高速化、小型化。水轮机的机型不同则适用比速也不同，水斗式为 8~25mkW、混流式为 50~350mkW、斜流式为 100~350mkW、轴流转桨式为 200~900mkW、贯流式为 500mkW 以上。

11.4.2　比速与水轮机最大效率的关系

图 11.3 所示为比速与水轮机最大效率 $\eta_{h, max}$ 之间的关系。由图可知，

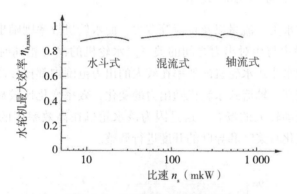

图 11.3　比速与水轮机最大效率

尽管水斗式水轮机、混流式水轮机以及轴流式水轮机的比速相差较大，但这三种水轮机的最大效率均在 90% 以上。因此在实际应用中可根据各种条件、比速的大小等选择合适的水轮机，以提高水轮机的效率和出力。

11.4.3　比速与净水头的关系

水轮机和发电机的转速高则尺寸小、成本低，但转速太高会受到机械强度等的制约，如水轮机转轮容易发生汽蚀(流体在压力变化和高速流动时，与金属物体接触导致其表面出现空洞侵蚀的现象)并导致效率降低、转轮等受损等问题，因此选择转速适当的水轮机非常重要。

图 11.4 所示为水轮机比速与净水头的关系。一般来说，高水头时应选择比速低的水

轮机，如水斗式水轮机，以防止转速过高。相反，低水头时应选择比速高的水轮机，如轴流式水轮机，以减小尺寸、降低成本。而对于中水头的情况，则应选择比速适中的混流式水轮机。

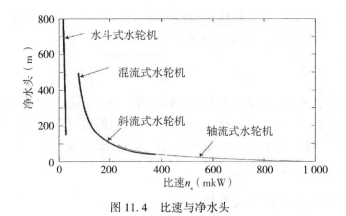

图 11.4　比速与净水头

11.4.4　水轮机效率与出力的关系

　　水轮机的出力与水头、流量以及负荷等有关，而水轮机效率则随出力变化而变化。图11.5 所示为水轮机效率与相对出力之间的关系。水轮机的出力相同时，水轮机的种类不同其效率也不同。如水斗式水轮机的效率在较大的出力范围内都比较高。混流式水轮机的效率在出力较大时较高。轴流式水轮机随出力的变化，效率变化比较显著。斜流式水轮机则比较适应于负荷变动较大的场合，这是因为该水轮机在高效率区的流量和出力范围较宽，可根据负荷的变化对桨叶和导叶的开度进行调整。

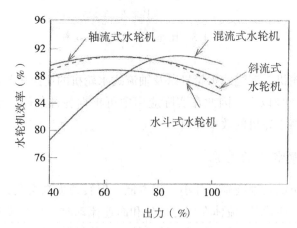

图 11.5　水轮机效率与出力

11.5　小型水力发电的种类和特点

11.5.1　小型水力发电的种类

小型水力发电有多种分类方式。根据水力资源的开发方式分类，可分为堤坝式、引水式、混合式等种类，引水式在小型水电站中应用较多，这种开发方式可确保发电用的水头。根据水的利用方式分类，可分为径流式、调整池式、蓄水池式以及抽水蓄能式等种类，径流式不必建造蓄水池，水直接流入水力发电机组发电。根据水力发电机组出力的大小分类，可分为大型、中型以及小型等种类。小型水力发电为 500~2.5 万 kW、小小型水力发电为 101~500kW、微型水力发电为 100kW 以下。

1. 堤坝式水电站

图 11.6 所示为堤坝式水电站的构成。这种水电站利用堤坝形成的水头发电。堤坝式发电一般将堤坝建在河流较窄、地质坚固的地方，在河流的上、下游之间形成较高的水头，利用压力管道将堤坝取水口的水直接引至水轮机的进口，使水力发电机组发电。这种发电方式由于采用堤坝，蓄水量大，发电出力受河流的水量、季节影响不大，出力比较稳定。

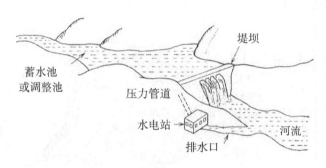

图 11.6　堤坝式水电站的构成

2. 引水式水电站

图 11.7 所示为引水式水电站的构成。该水电站是一种利用引水道所形成的水头和流量发电的水电站，主要由取水口、引水道、压力前池、压力管道、水电站、排水口等组成，各部分的主要功能可参见 11.2 节。这里，引水道是指水电站取水口与压力前池或调压井(一般在较大的混合式电站中使用)之间的水道，可分为引水隧道、引水暗道以及引水明渠等，还可分为无压引水道和有压引水道，在小型水力发电中引水明渠应用较多；压力前池用来沉淀沙石、收集垃圾、稳定水流以及调整发电用水量等，在引水式小型水电站中，在压力管道起点一般设置压力前池。

121

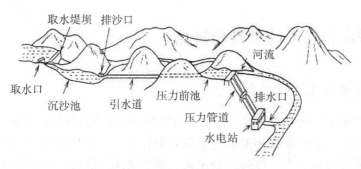

图 11.7　引水式水电站的构成

在引水式水电站中，河流的上游一般建有小型堤坝，将水从堤坝的取水口取出，利用比较平坦的引水道将水引至水电站附近形成水头，水流经无压引水道引至压力前池，然后经压力管道将水引至水轮机做功，驱动发电机发电。另外，由于无压引水道为非封闭式结构，因此其水压为大气压，而压力管道为封闭式结构，水压高于大气压。

3. 混合式水电站

图 11.8 所示为混合式水电站的构成。混合式水电站由堤坝式与引水式两种引水方式混合而成，由堤坝和引水道两者共同形成水头，水从取水口流出经压力隧道、调压井、压力管道流入水轮机。混合式发电具有堤坝式发电和引水式发电的优点，由于水头为两者之和，因此可增加发电出力。

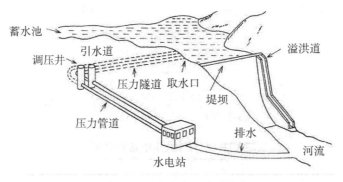

图 11.8　混合式水电站的构成

4. 径流式水电站

根据水的利用方式分类，水电站可分为径流式、调整池式、蓄水池式以及抽水蓄能式等种类。图 11.9 所示为径流式水电站的构成。该水电站是一种将河流的自然水流直接引入水轮机进行发电的方式，水轮机直接利用河流、水渠、泄洪道、农业用水、工业用水等水流做功，带动发电机发电。

径流式发电方式不需要进行大规模土木建设，没有蓄水池或调整池，因此发电出力易受丰水期和枯水期水量变化的影响，河流的流量变动会导致发电出力不稳定。由于河流的流量大于发电用最大流量时会开闸泄水，因此水的利用率低。

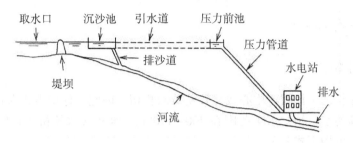

图 11.9 径流式水电站的构成

11.5.2 小型水力发电的特点

小型水力发电的特点如下。

(1)发电利用水能，不需其他燃料，可节省发电燃料费；

(2)发电无二氧化碳等有害物排放，是一种清洁的电能；

(3)堤坝或蓄水池一般为小型，可节省成本，对生态环境的影响较小；

(4)可利用河流、水渠、泄洪道等水流进行发电，有效利用水能；

(5)发电效率高、出力稳定，并网运行时对电力系统的影响较小；

(6)设备利用率较高，可达60%，是光伏发电的5倍，风力发电的3倍；

(7)与太阳能光伏发电相比，成本低、可构成水光互补系统；

(8)可作为分布式电源，自产自销，为水电站附近的用户提供电能；

(9)启动、停机以及出力调整比较容易，可作为调峰电源、备用电源等。

11.6 各种水轮机

11.6.1 水轮机的种类和工作原理

水轮机的种类比较多，根据其利用水的方式不同，可分为冲击式、反击式两种。冲击式水轮机一般可分为切击式、斜击式和双击式等种类。切击式又称水斗式或培尔顿式。水斗式水轮机通过喷嘴将水的位能转换成流速（即动能），将高速水流喷出形成射流，水斗利用水的冲击力使水轮机转轮旋转，带动发电机发电；斜击式水轮机的主要部件与水斗式水轮机的基本相同，但其工作射流中心线与转轮进口平面呈某一角度，水流斜着射向转轮，因此称为斜击式水轮；在双击式水轮机中，水流从转轮外周通过径向叶片进入转轮中心做功，然后做功后的水流又从转轮中心径向叶片流出再次做功，因此称为双击式水轮机。

反击式水轮机则将水的位能转换成流速和压力，即利用水的流速和压力所产生的能量进行发电。反击式水轮机可分为混流式、轴流式、斜流式以及贯流式等种类。

水斗式水轮机、混流式水轮机以及轴流式水轮机并列为世界三大水轮机。在小型水力发电中，常用双击式水轮机、混流式水轮机、微型贯流式水轮机等。另外，还有直接利用水的位能发电的重力式水轮机，如敞开式水轮机。

11.6.2　冲击式水轮机

1. 水斗式水轮机

水斗式水轮机的工作射流中心线与转轮节圆相切，因此又称切击式水轮机。它适用于流量小、水头高的水电站，水头范围在 300~1700m。水斗式水轮机工作时，从喷嘴射出的水流速度一般可用下式表示。

$$v = C_v \sqrt{2gH} \tag{11.9}$$

式中，v 为水的流速，m/s；C_v 为速度系数，为 0.98~0.99；H 为水头，m。单个水斗的功率 N 可用下式表示。

$$N = Fu \tag{11.10}$$

式中，F 为射流所产生的力，牛顿 N；u 为圆周速度，m/s。可见，水斗的功率与射流所产生的力和转轮的圆周速度成正比。

图 11.10 所示为水斗式水轮机的结构，它由喷嘴(指喷体和喷针)、水斗、转轮以及导流板(又称折向器)等构成。喷嘴用来将水流高速射出和调节流量，导流板可调整水流的方向，水斗在高速水流的冲击力作用下将水的动能转换成旋转的机械能，带动转轮旋转并驱动发电机发电，发电所需流量可通过喷针进行调整。这种水轮机适用于流量小、水头高、且负荷变化大而水头变化不大的水电站，也可用于水头较低的微型水力发电。

图示的水斗式水轮机有两个喷嘴，来自压力管道的水流被分成 2 股水流，通过喷嘴 1 和喷嘴 2 高速射出。各喷嘴分别设有喷针，利用油压装置可驱动喷针杆前后运动，带动喷针移动调节喷射的流量。另外通过导流板可调整水流的方向，使之与转轮的运动方向保持协调，将喷出的水流沿转轮的圆周方向射向水斗，带动主轴产生旋转力。图 11.11 所示为卧式水斗式水轮机。

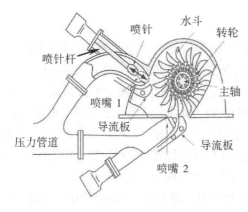

图 11.10　水斗式水轮机结构

图 11.11　卧式水斗式水轮机

一般来说，大型水斗式水轮机采用立式结构，小型水斗式水轮机采用卧式结构，但卧式结构一般只能安装 2~3 个喷嘴，而立式结构的最多可安装 6 个喷嘴。当流量较大时，立式结构可通过增加喷嘴、减小转轮直径、增加转速等方法来提高发电效率。

图 11.12 所示为水斗式水轮机的工作原理。设入射水流的速度为 v_1，反射水流的速度为 v_2，由于水斗随主轴运动，设切线速度为 u，如果将以速度 u 移动的坐标作为参考坐标，则入射水流速度 w_1 和反射水流速度 w_2 可由下式表示。

$$w_1 = v_1 - u, \quad w_2 = v_2 - u \tag{11.11}$$

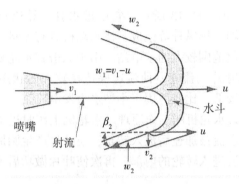

图 11.12　水斗式水轮机的工作原理

假设 W（kg/s）为水流的质量流量（即单位时间流体通过封闭管道或敞开槽的有效截面的流体质量），根据牛顿定律，对速度 w，质量 m 的物体施加力 F 时，$m(\mathrm{d}w/\mathrm{d}t) = F$，也就是 $m\Delta w = F\Delta t$，由式可知，等式的左边为动量的变化，右边为冲量。设水流反射方向的角度为 β_2，则时间 Δt 的水的动量变化为

$$m\Delta t = (W\Delta t)\left[\omega_1 - (-\omega_2\cos\beta_2)\right] \tag{11.12}$$

作用于水斗的力 F 为

$$F = W(\omega_1 + \omega_2\cos\beta_2) \tag{11.13}$$

水斗的功率为

$$N = \frac{F\Delta x}{\Delta t} = Fu = Wu(\omega_1 + \omega_2\cos\beta_2) \tag{11.14}$$

设相对流速水头的比为

$$\zeta = \frac{\dfrac{1}{2g}\,\omega_1^2 - \omega_2^2}{\dfrac{1}{2g}\,\omega_2^2} \tag{11.15}$$

水斗的功率可用下式表示

$$N = Wu(v_1 - u)\left(1 + \frac{\cos\beta_2}{\sqrt{1+\zeta}}\right) \tag{11.16}$$

由于水斗的单位时间的输入能量为 $\dfrac{1}{2}Wv_1^2$，所以水斗式水轮机的效率为

$$\eta_w = 2\,\frac{u}{v_1}\left(1 - \frac{u}{v_1}\right)\left(1 + \frac{\cos\beta_2}{\sqrt{1+\zeta}}\right) \qquad (11.17)$$

2. 双击式水轮机

双击式水轮机介于反击式水轮机和冲击式水轮机之间，水流从转轮外周通过径向叶片进入转轮中心，进行第一次能量交换，然后水流从转轮中心径向叶片流出转轮进行第二次能量交换，因此称为双击式水轮机。它适用于水头在 10~150m、流量变化范围较大的水电站。

双击式水轮机的构成如图 11.13 所示，它由进水管、导流板、空气阀、转轮、尾水管、轴承、主轴、导流板轴、操纵杆等组成。该水轮机具有流量变化范围大而效率变化不大的特点，适用于流量变化范围较大的水电站。由于双击式水轮机的导流板可调，因此可根据流量的大小调整进入叶片的流速，使流速保持在较大的状态。双击式水轮机结构简单、部件较少，制造成本较低，比较适用于小型水力发电。

图 11.14 所示为双击式水轮机的工作原理。水轮机工作时进水管中的水流在导流板的作用下被分成上下两股，水流被加速后流入转轮，使叶片产生圆周方向的力，然后一部分水流流出，而另一部分水流进入转轮的内部，再次使叶片做功后流出。

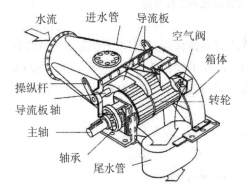

图 11.13　双击式水轮机的构成

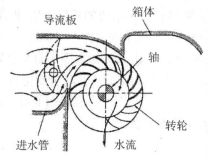

图 11.14　双击式水轮机工作原理

11.6.3　反击式水轮机

1. 混流式水轮机

混流式水轮机可分为卧式和立式两种，它由转轮、导叶、蜗壳以及尾水管等构成。在混流式水轮机中，水流从四周径向流入转轮，然后近似轴向流出转轮，即辐向进入、轴向流出，它适用于 30~800m 的水头范围。由于尾水管的断面逐渐变大，因此可降低从水轮机流出的水流速度，从而使水轮机可有效地利用水的动能，提高水轮机的效率。

图 11.15 所示为卧式混流式水轮机的结构和外形。导叶分布在转轮周围，在其外侧有与压力管道相连的蜗壳，调整导叶角度可改变流量和水流方向，从而调整水轮机的出力。

转轮在水流作用下旋转，将水能转换成旋转的机械能并驱动发电机发电。做功后的水流则经尾水管排出。

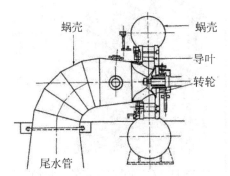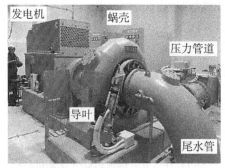

图 11.15 卧式混流式水轮机的结构和外形

为了计算混流式水轮机的效率等，设转轮的外径为 r_1，内径为 r_2，外径、内径切线方向的速度分别为 u_1、u_2，转轮的角速度为 ω，则 $u_1 = r_1\omega$，$u_2 = r_2\omega$。设外径、内径的流速分别为 v_1、v_2，与切线方向的夹角分别为 α_1、α_2，水流的质量流量为 $W(\rho Q)$，则水作用于转轮的力矩为

$$M = W(r_1 v_1 \cos\alpha_1 - r_2 v_2 \cos\alpha_2) \tag{11.18}$$

水流对转轮单位时间所做的功为

$$N = \omega M = W(u_1 v_1 \cos\alpha_1 - u_2 v_2 \cos\alpha_2) \tag{11.19}$$

由于水流流入转轮的单位时间的能量为 gMH，因此混流式水轮机的效率可由下式表示。

$$\eta_w = \frac{N}{gWH} = \frac{1}{gH}(u_1 v_1 \cos\alpha_1 - u_2 v_2 \cos\alpha_2) \tag{11.20}$$

混流式水轮机结构紧凑、运行稳定、效率较高、适应水头范围广，因此实际应用较多，是目前广泛采用的水轮机机型之一。该水轮机一般在大型水力发电中使用，由于这种水轮机经过改进，解决了流量减少时效率不会大幅度降低的问题，所以在小型、微型水力发电中也得到了广泛应用。

2. 轴流式水轮机

轴流式水轮机可分为立式和卧式，转桨式和定桨式等种类。图 11.16 所示为立式轴流转桨水轮机的结构，其主要部件包括蜗壳、转轮、导叶、尾水管等。转轮叶片数一般为 3~6 个，适用水头为 3~80m。这种水轮机一般安装有蜗壳，在导叶和蜗壳的作用下水流由轴向进入转轮，沿叶片轴向流出，驱动转轮旋转，带动发电机发电。

转轮的叶片可固定，也可转动，前者称为轴流定桨式水轮机，后者称为轴流转桨式水轮机。轴流定桨式水轮机的转轮叶片按一定角度固定在转轮上，由于叶片被固定，因此只能通过调节导叶改变流量或出力。轴流转桨式水轮机则在转轮体内设有一套使叶片转动的操作传动机构，它具有双调节功能，既可调节导叶也可调节转轮叶片，因而轴流转桨式水轮机可在水头和负荷变化较大的范围内保持水轮机稳定高效运行，所以应用比较广泛。图

11.17 所示为使用卧式轴流定桨式水轮机的水电站。

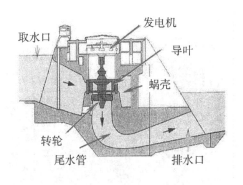

图 11.16　立式轴流转桨式水轮机结构　　　图 11.17　卧式轴流定桨式水轮机

3. 贯流式水轮机

　　贯流式水轮机一般为卧式布置方式，水流在流道内沿水平轴方向运动，流道没有急转弯，水力损失小、过水能力大、效率较高，比较适合于低水头、大流量水电站，如潮汐电站等。贯流式水轮机可分为全贯流式和半贯流式两种，而半贯流式有竖井式、轴伸式和灯泡式等种类。

　　图 11.18 所示为灯泡式水轮机的结构和外形，该水轮机主要由转轮、导叶以及发电机等构成。发电机被水平固定在灯泡形的密封金属壳体中，并直接与水轮机的主轴连接。调整导叶和转轮叶片的角度可使水轮机在最优状态下运行。水流从灯泡形结构周围均匀通过，沿轴向流入推动转轮做功，然后驱动发电机发电。灯泡贯流式水轮机组结构紧凑、稳定性好、效率高，在低水头、大流量水电站，如潮汐电站等已得到广泛应用。

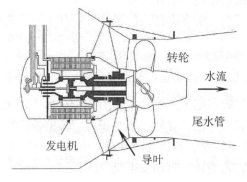

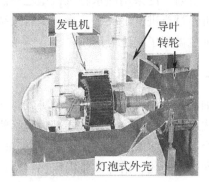

图 11.18　灯泡式水轮机的结构和外形

11.6.4　水轮机的选型

　　在小型水力发电中，由于河流中的沙石、草木等垃圾容易堵塞导叶、管道以及水轮机内部、叶片等，会影响水力发电机组的正常运行和出力，因此水轮机选型时应充分考虑这些因素。水轮机机型可根据水头、出力以及运行方式等进行选择，即根据水轮机设置场所的条件，如水头、水量等，另外，需根据最大额定功率运行或部分负荷运行等运行要求，由图 11.19 选择最佳的水轮机机型。

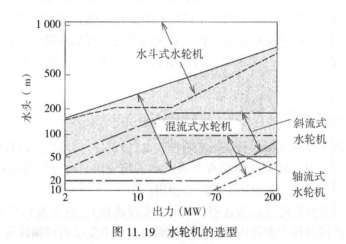

图 11.19　水轮机的选型

混流式水轮机具有适应流量和水头范围广、效率高、故障少等特点。在小型水力发电中，特别适合于从河流、水路取水，经管道形成的 5~30m 水头范围的水电站使用。但由于叶片数较多，叶片间的间隙较小，沙石、草木等垃圾容易对其造成堵塞；轴流式水轮机的叶片数较少，沙石、草木等垃圾不易对其造成堵塞，具有转速高、体积小的特点，在小型水力发电中，比较适合于河流、水路的流量大、水头在 5m 以下的水电站；水斗式水轮机比较适合于流量小、水头高的水电站，在设计流量和设计水头时具有较高的转换效率，一般使用较细的引水管道，可能造成沙石、草木等垃圾堵塞；切击式水轮机的转轮采用长形叶片、圆形构造，这种水轮机的转换效率较高、结构简单，比较适合小型水力发电。

由于水轮机的出力与流量和水头有关，因此在选择水轮机时必须根据不同流量和水头选择相应的水轮机，若流量大、水头小时应选择轴流式水轮机，而流量小、水头大时应选择水斗式水轮机，而介于两者之间时则应选择混流式水轮机。一般来说，小流量时应选择贯流式水轮机。

11.7　水轮机调速器

水轮机调速器是对水轮机的转速、出力等进行调节的装置。水力发电使用同步发电机时，需要对水力发电机的转速进行控制，以使频率保持一定，因此需使用调速器。调速器调节一般通过调整水轮机的导叶、喷针等流量调整机构的开度，以达到调整水轮机转速和出力的目的。对于小型水力发电机组可使用功能比较简单的流量调整机构或省去该机构。

11.7.1 调速器的功能

为保证水轮机和水电站的正常稳定运行,水轮机调速器承担着非常重要的功能,其主要功能有:①根据负载变化自动调整水轮机的出力,使水轮机在额定转速下运行;②将水轮机的转速、出力、流量等调节至最佳值,以保证水轮机和水电站安全、高效、稳定运行;③发电机与电网并网时,在水轮机正常运转时,通过电脑向水轮机下达运转状态调整指令,随后调速器的并网功能依据相关指令对水轮机的运转状态进行自动调整,保障水轮机稳定运转,实现顺利并网;④水力发电机组启动、甩负荷(或切负荷)、事故等时抑制转速的异常上升等。

11.7.2 电气式调速器的构成及工作原理

水轮机调速器可分为机械式和电气式两种,电气式又可分为模拟式和数字式两种,与机械式调速器相比,电气式调速器具有灵敏度高、响应快、可靠性高等特点。目前模拟式、数字式调速器已在各类水电站中被广泛使用。

图 11.20 所示为模拟电气式调速器(又称电液调速器),它主要由频率检测器、电气控制器、液压系统以及接力器等构成。频率检测由与水力发电机同轴旋转的小型永磁发电机(PMG)进行,并将永磁发电机检测出的水轮机的转速送至控制器。控制器由频率检测电路、目标频率设定电路、出力设定电路、出力误差检测电路以及运算放大电路等构成。频率检测电路用来检测 PMG 的电气信号;出力误差检测电路从接力器的反馈信号中检测出力误差;运算放大器的输出信号作为比较器的指令信号。

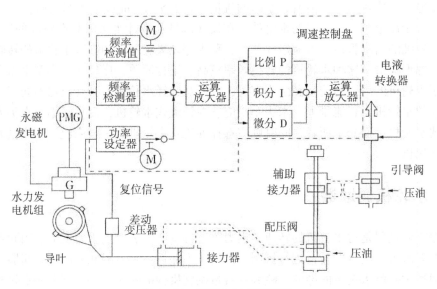

图 11.20 模拟电气式调速器

PID 控制器由比例控制(P)、积分控制(I)以及微分控制(D)构成。比例控制产生目标值与实际值成正比的控制信号，积分控制可对目标值偏移量进行补偿，而微分控制可对目标值的变化进行超前快速响应。采用 PID 控制方式，可提高调速器调节的稳定性和快速响应特性。

当控制器的信号电流流入电液转换器时，由于电液转换器的线圈的位移与电流成正比，因此线圈位移带动引导阀上下运动，并使辅助接力器动作，通过配压阀给接力器提供压油，驱动水轮机导叶开闭以调整水轮机的出力。在中小水电站可使用液压系统驱动导叶或喷针杆，也可利用带有电动机的电动接力器驱动导叶或喷针杆对流量进行调节。

电液转换器是一种将电气信号转换为机械位移的转换装置，在电液调速器中起非常重要的作用。引导阀通常处在中间位置，当出力变动时，电液转换器线圈中流过的电流，经引导阀使接力器瞬时动作，以满足快速调节的需要。

液压装置为接力器提供一定压力的压油，是接力器的动力源。由压油罐、油泵储油罐等构成。油压通常为 1.5~7.0MPa，油泵一般有常用油泵和备用油泵两种，压油罐的容量应确保在油泵不工作时也能操作水轮机安全停机所需的油量。

11.7.3 调速器的特性

1. 速度调整率

发电机与电网并网时，每台发电机所承担的有功功率由原动机的速度特性决定。水轮机的转速和负荷（指发电机的出力）的关系可用如图 11.21 所示的调速器的垂下特性来表示。假如某一时刻水轮机的运转状态处在 A 位置，此时的负荷为 P，额定转速为 n，当负荷减少至 P' 时，此时水轮机的运转状态处于 B 位置，水轮机的转速变为 n'，导致水轮机的转速上升。转速上升和负荷变动之间的关系可用速度调整率 R 来表示。

$$R = \frac{\dfrac{n' - n}{n}}{\dfrac{P' - P}{P_n}} \tag{11.21}$$

式中，P_n 为额定出力，速度调整率 R 通常为 2%~4%，即从额定出力到无负荷时，转速上升约为额定转速的 2%~4%。速度调整率大表示发电机转速变化不大，但发电机的出力变化大。

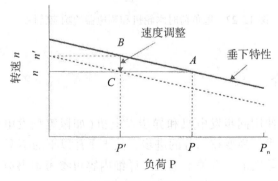

图 11.21 调速器的垂下特性

当水轮机的运转状态处于 B 位置时，其转速高于额定转速，同样发电机的频率比规定值要高，为了使频率回归到规定值，可利用速度调整机构进行下调，使垂下特性处在状态 C 点即可，在此点额定转速为 n，出力为 P'，至此频率调整过程结束。

2. 速度变动率

输电线路等发生事故时，发电机可能出现甩负荷的情况，这时需要对负荷进行调整。当发电机与电网解列独立运行时，水轮机的出力会导致转速急剧上升，此时调速器动作并关闭水轮机的导叶。图 11.22 所示为甩负荷时水轮机和调速器的响应特性。甩负荷时水轮机的转速上升，调速器动作使导叶关闭，从甩负荷到导叶开始关闭之间存在一定的时间延迟，称为迟滞时间，用 τ (s) 表示，一般为 0.2~0.5s。从甩负荷到导叶关闭的时间称为关闭时间，用 T_c (s) 表示，反击式水轮机从最大出力到导叶全关闭的时间为 1.5~6s，而水斗式水轮机的为 10~20s。

甩负荷时水轮机的转速上升，随着导叶关小，转速降低并在新的转速下运行，在此过渡过程的转速的变化率可用如下的速度变化率来描述。

$$\Delta n = \frac{n_{max} - n_e}{n} \times 100\% \qquad (11.22)$$

式中，n 为额定转速；n_{max} 为最大转速；n_e 为负荷变动前的转速。甩掉与最大出力相当的负荷时，速度变动率通常在 40% 以内，30% 比较多。

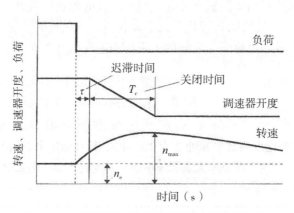

图 11.22　甩负荷时水轮机和调速器的响应特性

11.8　发电机简介

小型水力发电主要使用同步发电机和异步发电机(如鼠笼型发电机)发电，最近，由于半导体技术、控制技术、逆变技术等的进步，数十千瓦以下的小型水力发电也可使用直流发电机、永磁发电机等发电。有关发电机的详细内容可参考本书第 3 章"分布式发电设备"中的有关内容。

11.8.1 同步发电机

同步发电机在火力发电、水力发电等中被广泛应用。它可并网运行也可独立运行、发电规模不受限制、使用范围广、运行稳定，除了发电以外，还可提供无功功率。使用同步发电机时需要配备调整发电机电压的励磁装置，调整水轮机转速的调速器以及用于系统同期投入的自动同期装置等，与异步发电机相比，同步发电机系统比较复杂、成本较高。

图 11.23 所示为无刷励磁三相同步发电机的外形。该同步发电机一般由外部励磁装置提供直流电，使转子的励磁线圈产生磁场，励磁装置有可控硅励磁装置和无刷励磁装置等，通过励磁装置改变励磁电流可调整发电机的电压、出力以及功率因素等。图 11.24 所示为永磁同步发电机的外形。该发电机转子使用永磁铁，结构比较简单、保养维护方便。由于该发电机的励磁磁通量由永磁铁决定，电压调整比较困难。而发电机的电压与转速成正比，因此不能直接与电网并网，该发电机一般在小型水力发电中使用，如果需要并网，则要与逆变装置进行组合使用。

图 11.23　无刷励磁三相同步发电机　　　　图 11.24　永磁同步发电机

11.8.2 异步发电机

异步发电机可分为鼠笼型和绕组型两种，在数千瓦～数百千瓦的小型水力发电中被广泛使用，其中鼠笼型发电机应用较多。异步发电机具有结构简单、坚固耐用、保养维护方便、价格便宜等特点。但由于转子线圈的励磁电流由电网供给，因此异步发电机不能独立运行。另外，异步发电机由定子的电磁感应作用使转子励磁产生旋转磁场，并以同步转速旋转，当水轮机驱动发电机以高于同步转速旋转时，定子线圈产生电流，对外输出电能。

11.8.3 发电机的选择

水力发电用发电机可使用同步发电机、异步发电机、永磁同步发电机以及直流发电机等，由于发电机多种多样，选择时应根据发电出力的大小、是独立运行还是并网运行以及成本等选定合适的发电机。

当发电机与电网进行低压并网时，若无反送电则应选择异步发电机，若有反送电则应选择永磁同步发电机，并与逆变装置组合运行；发电机与电网进行高压并网时，应选择结构简单、价格便宜的异步发电机。如果系统并网时的瞬时电压波动值超过允许值，应选择同步发电机。一般来说，电压在 300~500kV 的范围内应选择异步发电机，500kV 以上时应选择同步发电机；发电机独立运行时，应选择同步发电机，出力较小时应选用永磁发电机。

11.9　水电站运行和控制

11.9.1　水力发电机组的运行

为了使水电站正常运行，需要对发电设备是否正常发电、是否有异常等进行监控。水电站已实现自动化运行，一般有全自动化方式、一人运行方式以及远程监控方式等。在全自动化方式中，水电站处于无人状态，水力发电机组按事先设定的程序自动开机、停机，对发电设备的状态进行定期巡检，这种控制方式比较适合于径流式水电站等中小型水电站；一人运行方式一般配备一名运行人员，完成开停机、调整出力等工作，这种控制方式一般用于容量较大的水电站；远程监控方式通过控制所对无人水电站进行监控，实现自动运行。

11.9.2　水电站的控制

水电站的控制主要有出力调整、自动频率控制、电压和功率因素调整以及高效率运行控制等。

在小型水电站，为了使压力前池的水位保持一定，可根据引水道的流量对出力进行调整。在梯级水电站，当上游水电站放水时，可自动调整下游水电站的出力。另外可采用顺序控制运行方式，按照事先设定好的日负荷计划自动进行出力调整。

在电力系统，水电站的出力与负荷始终保持平衡，并在规定的频率下运行，但由于负荷时常变动会导致系统频率在一定范围内变动，因此需要对频率进行控制以满足用户的需要。自动频率控制装置通过微波技术将控制信号传至水电站，调速器根据频率的变化对出力进行快速增、减，使频率保持稳定。

电压调整可通过自动电压调整器来实现。自动电压调整器（AVR）具有使发电机的电压保持一定，并在事故情况下解除负荷，抑制发电机的电压上升等功能，它在确保供电质量、电力系统稳定运行中发挥着重要的作用。自动电压调整器的快速响应特性较好，可提高系统的过渡稳定性。功率因素调整器（APFC）可对发电机的功率因素进行自动调整，使功率因素保持在规定的范围内，一般在远程控制的水电站中使用。

一般来说，水轮机的效率在最大出力附近较高，随流量、出力的减少会降低，因此在流量变化较大的水电站可使用高效率运行控制方法以提高效率，使发电出力增加。常见的高效率运行控制方法有：安装多台水轮机，根据流量变化对运行台数进行切换；对双击式水轮机的导叶按 1∶2 的比例进行切换；对水斗式水轮机，可设置多个喷针并对其进行切换。

11.10　小型水力发电系统的运行方式

小型水力发电系统的运行方式如图 11.25 所示。可分为独立运行和与电网并网运行等方式，独立运行方式又称独立系统，是指不与电网并网的系统，一般用于无配电线的用户、未通电的村庄以及作为备用电源等。并网运行时，由于小型水力发电系统接入电网，如果小型水力发电系统的电能不能满足负载的需要时，可通过配电线从电网补充不足部分的电能，相反当小型水力发电系统的电能供负载后有多余电能时可反送到电网。

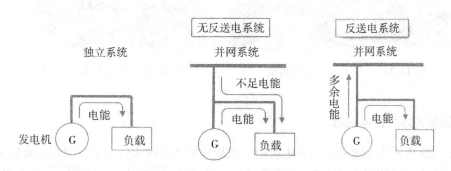

图 11.25　小型水力发电系统的运行方式

在并网系统中，如果小型水力发电系统发出的电能被负载全部使用，或即使有多余电能也不送往电网的系统称为无反送电系统，而多余电能送往电网的系统则称为反送电系统。小型水力发电系统发出的电能可自发自用，也可出售给电力公司。

11.11　小型水力发电的应用

11.11.1　小型水力发电用水轮机种类

在小型水力发电中，需要根据安装位置、水头以及流量等选择不同种类的水轮机，一般来说，高水头时应选择冲击式水轮机，如水斗式水轮机、斜击式水轮机等；中水头时应选择反击式水轮机，如混流式水轮机、轴流式水轮机等；低水头时应选择贯流式水轮机、敞开式水轮机等。

1. 冲击式水力发电机组

冲击式水轮机适用于高水头时的情况，如果水头高、流量小，一般选择水斗式水轮机等。图 11.26 所示为冲击式水力发电机组。

2. 混流式水力发电机组

图 11.27 所示为混流式水力发电机组。发电设备容量为 320kW，水头为 85m，流量为 0.5m³/s，使用异步发电机发电。该电站为引水式水电站，水路全长约 16km。

图 11.26　冲击式水力发电机组　　　　　　图 11.27　混流式水力发电机组

3. 轴流式水力发电机组

图 11.28 所示为轴流式水力发电机组，该机组安装在供水管道上，利用供水管道的水流发电。发电设备容量为 60kW，水头为 25m，流量为 0.33m³/s，使用异步发电机发电，年发电量约 40 万 kWh。

4. 贯流式水力发电机组

图 11.29 所示为贯流式水力发电机组。水轮机的出力为 132kW，发电机安装在水轮机之上，水轮机的动力经传动带传递给发电机发电，水力发电机组结构紧凑、维持管理成本较低。

图 11.28　轴流式水力发电机组　　　　　　图 11.29　贯流式水力发电机组

11.11.2 水力发电的应用

小型水力发电的种类较多,可利用农用灌溉水、小型河流水、水渠水、泄洪水、自来水、蓄水槽蓄水、工厂用水以及楼宇排水等发电。这里介绍利用水渠水、小型河流水、泄洪水以及蓄水槽蓄水等发电的小型水力发电。

1. 利用水渠的小型水力发电

图 11.30 所示为利用水渠的小型水力发电。当利用水头较低的水渠水发电时,一般在水渠上建设堰堤,利用流过转轮下方的水流驱动水轮机旋转,带动发电机发电。

2. 利用小型河流的小型水力发电

图 11.31 所示为利用小型河流的水力发电。在小河流、支流等处建造小型堰堤,形成 1~2m 的水头,将水流引入水轮机做功,驱动发电机发电。这种发电方式利用低堤坝蓄水,低水头发电,水力发电机组容量较小,水轮机在压力的作用下高速旋转,不需要增速机构。

图 11.30 利用水渠的水力发电

图 11.31 利用小型河流的水力发电

3. 利用泄洪水的小型水力发电

图 11.32 所示为利用泄洪水的水力发电。小型水力发电机组安装在泄洪道上,当坝内的水位升高并超过一定水位时则进行泄洪,小型水力发电机组则利用泄洪水进行发电,以充分利用这部分水能。

4. 利用蓄水槽的小型水力发电

图 11.33 所示为利用蓄水槽的水力发电。该发电将小河流、支流等处的水流通过引水渠引到蓄水槽蓄水,水轮机在水的位能、压力的作用下旋转,驱动发电机发电。根据蓄水槽的高度、容积以及水头等,可选择合适的增速机构的增速比,以满足发电机转速的需要。

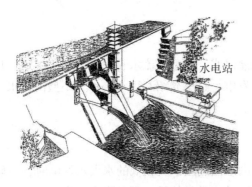

图 11.32　利用泄洪水的水力发电

图 11.33　利用蓄水槽的水力发电

第 12 章　海洋潮汐发电

潮汐能是在地球与月球、太阳间的引力作用下海水上下、水平运动所产生的能量，即海水在涨潮、落潮的过程中所产生的动能和位能，潮汐发电(tidal power generation)则利用其位能发电。

潮汐发电是一种利用海水的涨、落潮水位差(即水头)和流量，使用低水头、大流量的水力发电机组发电的方式，有单向发电、双向发电等方式。发电不产生碳排放、不需要燃料、发电成本较低、发电出力比较稳定，可作为分布式发电，为用户提供稳定的电能。

本章主要介绍潮汐能、潮汐电站的构成、潮汐发电的种类和特点、潮汐发电的原理、方式以及应用等。

12.1　潮汐能

海水的涨落发生在昼间叫潮，发生在夜间叫汐，涨潮和落潮一天有两次，称为潮汐。海水涨潮、落潮过程中所产生的潮汐能特别巨大，全球的潮汐能资源十分丰富，约为 3000GW，可利用的潮汐能为 1%~2%，即可利用的量为 30~60GW，每年可发电 2 万亿~3 万亿 kWh。据预测，到 2021 年全球潮汐发电装机容量将达 1000 亿~3000 亿 kW。

我国的潮汐能资源十分丰富，主要集中在华东，如浙江省、福建省以及上海市等沿海地区。东海和黄海的潮差较大，钱塘江口、长江口北支的河口潮汐能资源较丰富。据估计，钱塘江口的潮差达 9m，可建造 500 万 kW 的潮汐电站，年发电量约 180 多亿 kWh，长江口北支可建 80 万 kW 的潮汐电站，年发电量可达 23 亿 kWh。

我国的海岸线长约 18000km，利用潮汐发电至少可产生 3000 万 kW 的电能，年发电量可达 700 亿 kWh，由于我国可利用的潮汐能资源极为丰富，因此开发和利用潮汐能对我国改善环境、保障能源供给非常重要。

12.2　潮汐电站的构成

图 12.1 所示为潮汐电站的构成，该电站主要由堤坝、水轮机、发电机以及水库等组成。在靠近海岸适合建坝的地方建设堤坝形成水库，涨潮时将海水引入水库，落潮时海水从水库流入大海，安装在堤坝中的水力发电机组利用海水涨落潮时的潮差(即水头)发电。由于潮汐发电利用涨落潮时海水的位能发电，落差较小，所以一般使用低水头、大流量的水力发电机组，如横轴灯泡式水力发电机组。发电机一般水平固定在灯泡型的密封金属壳体中，采用水轮机与发电机同轴连接的结构。

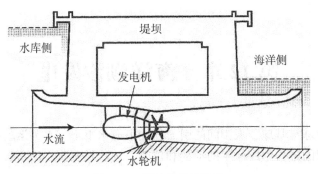

图 12.1　潮汐电站的构成

12.3　潮汐发电的种类和特点

早在 12 世纪人类就开始利用潮汐能，如利用潮汐能驱动石磨代替人工磨面等。随着近代科学技术的发展，人类开始在河口、海湾等处建造潮汐电站发电。潮汐能可分为两种能量，一种是潮汐的动能，潮流发电利用其动能发电；另一种是潮汐的位能，潮汐发电则利用海水涨、落潮时的位能进行发电，如 1967 年在法国朗斯河口建造的潮汐电站就属于这一类。

12.3.1　潮汐发电的种类

潮汐能主要用于发电，发电时利用海水涨潮、落潮过程中产生的位能，一般将潮汐电站安装在海水涨、落潮时水位差较大的地方。可建一座水库，也可建两座水库。常见的潮汐发电有三种形式，即单库单向发电(即单程)方式、单库双向发电(即双程)方式以及双库单向发电方式。潮汐发电的种类和特征如表 12.1 所示。

表 12.1　潮汐发电的种类和特征

水库	潮汐发电方式	特　征
单水库 (单库)	单向发电方式	只能在落潮时发电，发电时间较短，平潮时不发电
	双向发电方式	涨潮和落潮时均发电，但平潮时不发电
双水库 (双库)	单向发电方式	涨潮时高位水库蓄水，落潮时低位水库放水，利用两座水库之间的落差全天发电，发电出力稳定。

12.3.2　潮汐发电的特点

潮汐发电的特点主要有：

(1)发电利用潮汐能，不需要其他能源，发电成本较低；

(2)利用有规律的潮水发电，出力比较稳定；

(3)发电无有害物排放，对环境友好；

(4)可作为分布式发电，为潮汐电站附近的用户提供电能或接入电网；

(5)水库建在河口、海湾处，节省土地资源，对环境影响不大；

(6)需建造拦水堤坝，造价较高；

(7)海水对机电设备有腐蚀作用，检修维护不太方便。

12.4 潮汐发电原理

潮汐电站的发电原理如图 12.2 所示。由于潮汐电站的水头较低、流量较大，因此一般使用灯泡式水轮机。水轮机的实际出力 $N(\mathrm{W})$ 可用下式表示。

$$N = \eta \rho g Q H \tag{12.1}$$

式中，η 为水轮机的总效率；ρ 为海水密度，$1030\mathrm{kg/m^3}$；g 为重力加速度，$\mathrm{m/s^2}$；Q 为流量，$\mathrm{m^3/s}$；H 为水头，m。这里的水头为涨潮时的高水位与落潮时的低水位之间的水位差（如图中的 H）。

潮汐发电原理与通常的水力发电原理类似，涨潮时将海水储存在水库内形成一定的高水位，以位能的形式保存；而在落潮时将海水从水库放出，利用高、低潮位之间的水位差和流量推动水轮机旋转，将潮汐的能量（即水头、流量）转换成旋转的机械能，带动发电机发电。另外，潮汐发电所使用的发电机与水力发电的基本相同，详细内容可参考本书第11章"小型水力发电"一章的有关内容。

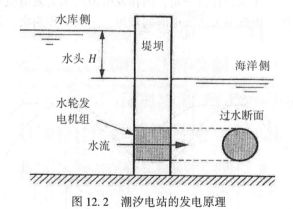

图 12.2 潮汐电站的发电原理

12.5 潮汐发电方式

根据表 12.1 所示的潮汐发电方式和建造水库的多少，潮汐电站可分为单库单向发电方式、单库双向发电方式以及双库单向发电方式。根据不同的发电方式，所使用的水轮机也有所不同，如单库单向发电方式和双库单向发电方式需使用单向水轮机，而单库双向发电方式则需使用具有双向发电功能的水轮机。

12.5.1　单库单向潮汐电站

图 12.3 所示为单库单向潮汐电站。在河口、海湾处筑堤设闸，涨潮时打开闸门进行蓄水，当满潮水位达到最高时关闭闸门，落潮时当达到发电所需的潮差时，水力发电机组开始发电。该电站主要由水轮机、发电机、闸门等组成。由于采用单库蓄水、水轮机单向运行方式，因此只能在落潮时发电，所以称为单库单向潮汐电站。

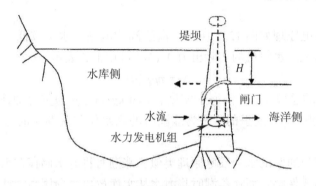

图 12.3　单库单向潮汐电站

图 12.4 所示为单库单向潮汐电站运行方式。由于水轮机只在落潮时单向运行，因此有充水、待机以及发电三种运行模式。在充水模式开闸蓄水，水库水位逐渐上升；在待机模式潮位达到最高点，水库水位保持一定；而在发电模式水力发电机组发电，水库水位逐渐下降，以后周而复始。该发电方式发电时间较短，一天工作两次，每次可发电 5h 左右，且发电出力不连续。

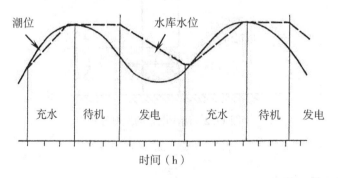

图 12.4　单库单向潮汐电站运行方式

12.5.2　单库双向潮汐电站

前述的单库单向潮汐电站只能在落潮时发电，发电时间较短，潮汐能的利用率较低。

为了使发电机在涨潮进水和落潮出水时都能发电,可建造单库双向潮汐电站。单库双向潮汐电站是指涨潮和落潮时均发电,但平潮时不发电的潮汐电站。平潮是指海水上涨到最大高度后,短时间内如 0.8h 内保持不涨不落的现象。

单库双向潮汐电站发电时,水力发电机组利用涨潮时上升海面的水位与水库的低水位之间形成的水头发电;落潮时的发电原理则与之相反。这种潮汐电站利用双向水流发电,发电时间较长,但需要使用可利用双向水流发电的双向水轮机。广东省东莞市的镇口潮汐电站及浙江省温岭市江厦潮汐电站就属于这类。

图 12.5 所示为涨潮时的发电运行方式,涨潮时海洋侧的水位高于水库侧的水位,图 12.6 所示为落潮时的发电运行方式,落潮时水库侧的水位高于海洋侧的水位,因此该水力发电机组可在涨潮和落潮时双向发电。

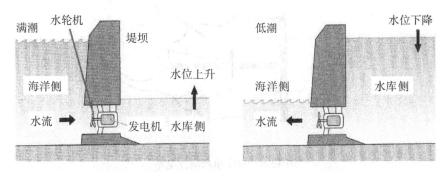

图 12.5 涨潮时发电运行方式　　　　图 12.6 落潮时发电运行方式

图 12.7 所示为单库双向潮汐电站的运行方式。在涨潮和落潮时水轮机可双向运行,电站有充水、待机、发电以及排水四种运行模式。与单库单向潮汐电站运行方式相比,单库双向潮汐电站的发电时间长,一天工作次数增加,发电量也增加,可提高潮汐能的利用率和水力发电机组的发电出力。

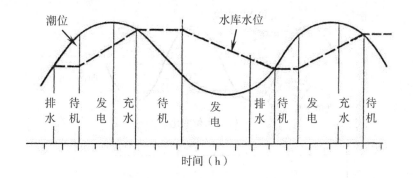

图 12.7 单库双向潮汐电站运行方式

143

12.5.3   双库单向潮汐电站

由于前两种类型的潮汐电站在平潮时均不发电，不能连续发电，无法为用户提供稳定的电能，若配置两座水库进行双库单向发电，则可在涨、落潮全过程不间断地发电，连续输出平稳的电能。

双库单向潮汐电站如图 12.8 所示，该电站建有高位、低位两座水库，涨潮时高位水库蓄水，落潮时低位水库放水，发电时将高位水库的水放到低位水库，安装在两座水库之间的水力发电机组则利用两座水库之间的落差实现全天候连续运行，输出稳定的电能。这种发电方式由于需要建造两座水库，所以建设成本较高。

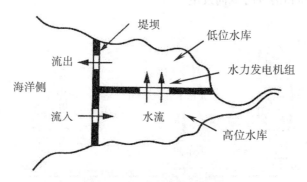

图 12.8   双库单向潮汐电站

图 12.9 所示为双库单向潮汐电站的运行方式，该图表示水位变化和发电出力之间的关系。高位水库的水位随涨潮时海水的流入而上升，满潮时水位达到最高，发电时海水流出，水位徐徐下降。而在低潮时低位水库的水位最低，随着发电后的海水流入，水位徐徐上升。与单库潮汐电站相比，双库单向潮汐电站利用高位、低位水库之间的水位差可全天连续发电，因此发电出力稳定、发电量增加。

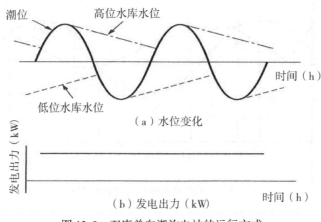

图 12.9   双库单向潮汐电站的运行方式

对于双库单向潮汐电站来说，为了充分利用潮汐能和两座水库的功能，除了在两库之间安装水力发电机组发电之外，可在高位水库的堤坝中也安装水力发电机组，在涨潮时发电；而在低位水库的堤坝中也安装水力发电机组，在落潮时发电。这样可大大提高潮汐能、两座水库的利用率，使潮汐电站的总发电量显著增加。

12.6 潮汐发电的应用

目前在利用海洋能的发电中，潮汐发电应用较多，其次是波浪发电。我国是世界上建造潮汐电站最多的国家之一，在20世纪50年代至70年代先后建造了近50座潮汐电站。东南沿海的浙江省、福建省利用潮汐发电较早，浙江省建造的江厦潮汐电站是我国建造的最大双向潮汐电站，仅次于法国朗斯潮汐电站和加拿大安纳波利斯潮汐电站，居世界第三位。

图12.10所示为浙江省温岭市的江厦潮汐电站，该电站是我国第一座单库双向潮汐电站，第一台机组于1980年5月投产发电。堤坝全长670m，水库有效库容为270万m^3，最大潮差8.39m，平均潮差5.08m。该潮汐电站设计装机容量为3900kW，已装机3200kW，安装有6台双向灯泡式水力发电机组，每天可发电14~15h，与比单向潮汐电站相比可增加发电量30%~40%，每年可提供约1000万kWh的电能。

图12.11所示为法国朗斯河口潮汐电站，它是1966年在法国北部英吉利海峡上建造的世界上最大的潮汐电站。该电站的水库建在海岸附近，最大潮差为13.5m，平均潮差为8.5m，堤坝长750m，单机出力为10MW，装机24台，总装机容量为24万kW，年发电量为610GWh。

 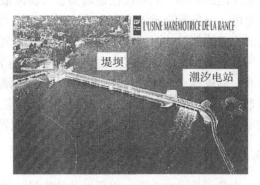

图12.10 江厦潮汐电站　　　　图12.11 法国朗斯河口潮汐电站

第 13 章　海洋波浪发电

波浪是海水的一种运动形式，它由外力、重力与海水表面张力等共同作用产生，其中外力主要有风、大气压力的变化、天体的引潮力等，由于风、大气压力的变化等外力主要来自太阳能，因此波浪能也是一种可再生能源。

波浪能具有可再生、无污染、储量大、分布广、密度低、不稳定、利用难等特点。波浪发电（wave power generation）使用波浪发电装置将波浪能（包括位能和动能）转换成电能。波浪发电利用可再生能源发电，发电不需燃料，清洁环保、发电装置结构简单、容量小，可用于分布式发电，为岛屿、海上设备等提供电源。

本章主要介绍波浪能、波浪发电的种类和特点、波浪发电装置及发电原理、波浪发电的应用等。

13.1　波浪能

海洋上的波浪（即海洋波）主要由海面上的风、气压变化以及重力等的共同作用产生。波的能量通过行波进行传播，水质点作振荡和位移运动产生位能和动能，因此波浪能为位能和动能的总和。利用波浪能转换装置将波浪能转换成电能称为波浪发电。波浪能主要用于发电，据推算全球波浪能约为 30 亿 kW，可利用的波浪能约为 10 亿 kW 左右，我国波浪能的理论储量约为 7000 万 kW，所以波浪发电具有很好的应用前景。

波浪能由太阳能间接产生，其大小与波高和波的运动周期有关。波浪的波高和周期与该波浪形成地点的地理位置、风向、风力、潮汐时间、海水深度、海床形状、海床坡度等因素有关，波浪一般呈现为无规则的波形。波浪发电利用海水、风等所产生的能量发电，它不仅可利用风力圈处（即刮风处）的波浪能发电，而且可利用风力圈以外的波浪能发电。

13.1.1　规则波的理论出力

波浪能是海水上下、水平运动的能量。根据波的形状可分为规则波和非规则波两种，规则波可从空间的角度用振幅和波长来描述，也可从时间的角度用振幅和时间来加以描述。而非规则波则可用统计方法来描述，一般观测 N 个波，按波高大小顺序排列，从波高较大的波开始选择 $N/3$ 个波进行计算和分析。

图 13.1 所示为规则波的形状，图中 h 为水深，m；H 为波高，即波峰与波谷之间的振幅，m；B 为峰幅，m；λ 为波长，m；a 为振幅，m；T 为波的周期，s。由于单位面积的波浪能 E 为位能 E_p 和动能 E_k 之和，一个波长的平均能量 $\overline{E}$ 与平均位能 $\overline{E_p}$ 和平均动能 $\overline{E_k}$ 之间的关系可用下式表示。

$$\overline{E} = \overline{E}_p + \overline{E}_k = \frac{1}{4}\rho g\, a^2 + \frac{1}{4}\rho g\, a^2 = \frac{1}{8}\rho g H^2 \tag{13.1}$$

式中，E、E_p 和 E_k 为能量（kN/m²）；振幅 $a = H/2$；ρ 为海水的密度，1030kg/m³；g 为重力加速度，m/s²。在海洋波中，水粒子在传播方向的垂直面内沿着近似椭圆轨迹作回转运动并进行转播，位能和动能各占一半，波浪能是二者的合成。由上式可见，波浪能与波高的平方成正比。

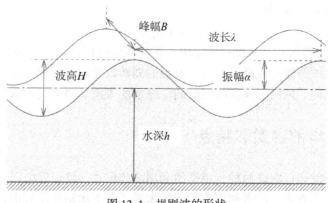

图 13.1　规则波的形状

实际的海上波浪的形状是由多个不同相位、不同振幅的正弦波合成的，合成波的包络线的传播速度 v_g 可用下式表示。

$$v_g = \frac{\lambda}{2T} = \frac{gT}{4\pi} \tag{13.2}$$

假定海上的规则波的运动方向如图 13.2 所示，当该规则波沿 x 轴的正方向运动时，该波沿 z 轴方向的每米波峰宽度的理论出力 P（kW/m）可用下式表示。

$$P = \frac{\rho g^2 H^2 T}{32\pi} \tag{13.3}$$

由上式可见，波浪的理论出力与波高的平方、波的周期成正比，波浪越高，周期越长则波浪能的理论出力越大。一般来说波浪的能量主要集中在周期为 1~15s 的范围。

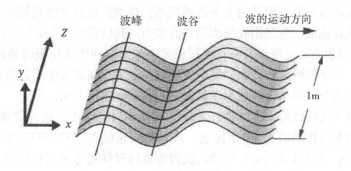

图 13.2　规则波的运动方向

13.1.2　非规则波的理论出力

实际的海上波浪的形状为非规则波,在进行计算和分析时,一般观测 N 个波,按波高大小顺序排列,从波高较大的波开始选择 $N/3$ 个波。为了区别于规则波,假设波高为 H_w(m),平均周期为 T_w(s),则波浪能 E_w(kN/m)为

$$E_w = \frac{g}{16}H_w^2 \tag{13.4}$$

波浪理论出力 P_w(kW/m)为

$$P_w = CH_w^2 T_w \tag{13.5}$$

式中,C 为系数,一般取 0.5。由上式可知,非规则波的理论出力与波高的平方、平均周期有关。一般来说波浪能与波高的平方、波浪的周期以及迎波面的宽度成正比。另外,波浪能的大小还与风速、风向、连续吹风时间、海水的流速等诸多因素有关。

13.2　波浪发电的种类和特点

波浪可分为行波和稳定波两种。根据所利用波的形式,波浪发电可分为利用行波发电和利用稳定波发电等方式。前者利用水粒子的水平、上下运动能量发电,后者利用水粒子的水平、上下振动能量发电。波浪发电通过能量捕获装置可将波浪的能量转换为机械能、压缩空气以及位能和动能等能量形式,然后通过动力转换装置,如空气涡轮、水轮机或液压马达等方式驱动发电机发电。

13.2.1　波浪发电的种类

根据波浪发电装置的原理及结构,可将波浪能转换成电能的装置依次分为三级,分别为捕获波浪能、动力转换以及发电转换。第一级为捕获波浪能,一般采用聚波、共振等方法捕获分散的波浪能,并将其转换成压缩空气、机械能等。捕获方式有振荡水柱式、机械式、水流式、受压板式以及越浪式等;第二级为动力转换,利用机械、水力、液压、气动等传动方式,将第一级获得的压缩空气、机械能等转换成方便进行发电的机械能。动力转换主要使用空气涡轮、水轮机、液压系统等;第三级为发电转换,通过发电机将机械能转换成电能。

振荡水柱式波浪发电利用波的上下运动发电;机械式波浪发电利用波浪运动推动物体运动发电;水流式波浪发电利用收缩水道将波浪引入高位蓄水池(或水库)形成水位差(即水头),直接驱动水力发电机组发电;受压板式波浪发电利用受压板将波浪能转换成压力和水流的能量,使水轮机旋转并驱动发电机发电;越浪式波浪发电通过波浪上升越过防波堤进入高位蓄水池形成的水位差使水轮机做功,驱动发电机发电。

波浪能发电方式还可按动力转换环节分类,可分为机械式、气动式和液压式三大类。机械式波浪发电通过传动机构(包括齿条、齿轮和棘轮机构)将波浪能的往复运动转换为单向旋转运动,驱动发电机发电;气动式波浪发电通过气室等泵气装置将波浪能转换成压缩空气,再通过空气涡轮驱动发电机发电;而液压式波浪发电通过泵液装置将波浪能转换

为液体(如油或海水)的压能或位能,再由液压马达或水轮机驱动发电机发电。波浪能捕捉有多种方式,如点头鸭式、波面筏式、波力发电船式、环礁式、整流器式、海蚌式、软袋式、水流式、摆式、收缩水道式、多共振荡水柱式、漂浮式、固定式(又称岸式)、防波堤式振荡水柱式等。

13.2.2 波浪发电的特点

波浪发电的主要特点有:

(1)波浪能无污染、可再生、储量大、分布广,但密度低、不稳定;

(2)波浪发电利用可再生能源,发电不需燃料、清洁环保;

(3)将波浪能转换成电能的中间环节较多,效率较低,一般为10%~30%;

(4)波浪能周期性变化、发电出力波动大;

(5)海域环境的适应性差、开发技术复杂、成本高、经济效益差、投资回收期长;

(6)波浪发电装置结构简单、容量较小、发电机的电压较低、非常适合于作为分布式电源使用,也可用作大型发电站的补充电源。

13.3 波浪发电装置及发电原理

波浪发电方式较多,目前主要采用将波浪能转换成压缩空气驱动空气涡轮机组发电的方式。除此之外,也可将波浪能转换成位能,利用水轮机将位能转换成旋转的机械能,再经发电机转换为电能等其他发电方式。波浪发电方式种类繁多,这里主要介绍振荡水柱式、机械式、水流式、受压板式以及越浪式等波浪发电方式,并结合不同的发电方式介绍相应的发电原理。

13.3.1 振荡水柱式波浪发电

振荡水柱式波浪发电装置以空气为介质,将波浪能转换成压缩空气,它进行两级能量转换,第一级转换装置为气室,第二级转换装置为空气涡轮,此级利用气阀将往复气流(即空气流)转换成单向气流,驱动空气涡轮旋转。该装置的优点是利用气室内形成的水柱的往复运动作为动力发电,没有运动部件,对装置的强度要求不高;转换装置不与海水接触,防腐性能好,可靠性较高;装置位于水面附近,施工难度小,维护方便。其缺点是造价高,能量转换效率较低。

振荡水柱式波浪发电装置可分为有阀式和无阀式两种,有阀式用气阀对气流进行整流变换并驱使涡轮运转;无阀式则使用将往复运动的气流转换成同一方向的特殊涡轮,将波浪能转换成机械能。振荡水柱式波浪发电装置可分为漂浮式和固定式两种,目前以固定式为主。

图13.3所示为有阀漂浮式振荡水柱式波浪发电装置。该装置由气室、吸气阀、排气阀、空气涡轮以及发电机等组成。在波浪发电装置的下部安装有开口的容器,它与海水共同形成气室,气室下部在水下与海水连通,气室的上部与大气相通。

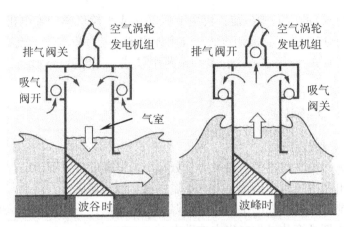

图 13.3   有阀漂浮式振荡水柱式波浪发电装置

　　漂浮在海洋中的波浪发电装置在波浪上下运动的作用下，气室内的水柱也上下振荡，当水面下降到波谷时，通过气室两侧的吸气阀吸入空气，由于此时排气阀关闭，所以安装在上部的空气涡轮不工作；当水面上升到波峰时，吸气阀处于关闭状态，在气室内被压缩的空气通过排气阀送往空气涡轮做功，驱动发电机发电。可见在波浪的作用下，水柱在气室内推动空气作往复运动，将波浪能转换成空气的压能和动能，从而推动气室上部排气阀出口处的空气涡轮旋转，驱动发电机发电。

　　图 13.4 所示为无阀固定式振荡水柱式波浪发电装置。该装置由气室、喷嘴、空气涡轮、发电机等组成。气室等装置被固定在防波堤处，当波浪下降时，气室内的空气被减压，空气从喷嘴进入气室内，驱动空气涡轮旋转，带动发电机发电，而当波浪上升时空气被压缩，空气从气室经喷嘴喷出，驱动空气涡轮旋转，并带动发电机发电。

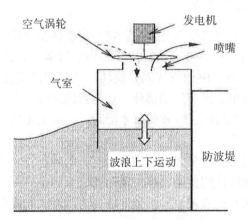

图 13.4   无阀固定式振荡水柱式波浪发电装置

　　图 13.5 所示为无阀固定式振荡水柱式波浪发电装置的运行状况。波浪在气室内上、下振荡对空气进行压缩、减压，使空气往复流动，推动空气涡轮单向旋转，驱动发电机发电。

图 13.5　无阀固定式振荡水柱式波浪发电运行状况

13.3.2　机械式波浪发电

机械式波浪发电利用鸭体、摆体等振荡浮子装置捕获能量，通过传动装置将波浪的往复运动转换为空气涡轮的单向旋转运动，驱动发电机发电。机械式波浪发电装置同样由能量捕获、动力转换以及发电转换三部分组成。能量捕获装置指该装置的活动部分，如鸭体、摆体、筏体、浮子等，利用它们将波浪能转换成机械能；动力转换装置一般有液压马达、液压缸等，它使用油等中间介质，将机械能转换成方便进行发电的能量，然后驱动发电机发电。机械式波浪发电装置的种类较多，常用的有浮体式、摆式以及鸭式等。

1. 浮体式波浪发电

图 13.6 所示为浮体式波浪发电原理。这种发电方式利用绳索将浮体与平衡球连接起来，然后将绳索卷绕在滑轮上，当浮体随着波浪上下运动时，滑轮做正、反向旋转运动。如果使用一对同向离合器，当波浪上升时滑轮 A 顺时针方向旋转，而波浪下降时，滑轮 B 逆时针方向旋转，利用同向离合器齿轮将滑轮 A、滑轮 B 的反向旋转转换成同向的旋转运动，驱动发电机发电。

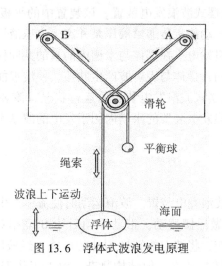

图 13.6　浮体式波浪发电原理

2. 摆式波浪发电

摆式波浪发电装置利用摆体的运动将波浪能转换成机械能。该装置的第一级是摆体，它在波浪的作用下前后或上下摆动，捕获波浪能并将其转换成机械能；该装置的第二级是与摆轴相联的液压装置，通过它将摆体捕获的机械能转换成方便进行发电的动能，然后驱动发电机发电。由于波浪具有推力大、频率低的特性，比较适合摆体的运动。摆式波浪发电装置的转换效率较高，但机械装置和液压装置的维护较为不便。

摆式波浪发电装置分为漂浮式和固定式两种。图 13.7 所示为漂浮式摆式波浪发电装置，它是一种利用摆体进行波浪能捕获、液压马达或液压缸进行动力转换的机械式波浪发电装置。它将波浪的行波引入固定水槽内，将行波与来自水槽后壁的反射波进行合成，使不稳定波转换成稳定波，产生往复运动水流，摆式装置利用水平往复运动水流进行发电，发电效率较高。

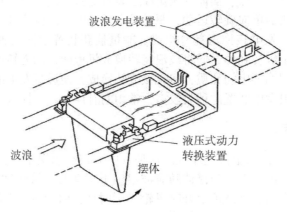

图 13.7　漂浮式摆式波浪发电装置

图 13.8 所示为固定式摆式波浪发电装置。该装置中的平板式摆体在波浪往复运动水流的作用下摆动，摆体的运动能量传递给液压泵并产生高压液压往复流体，经整流变换后送往液压马达，驱动发电机发电。在摆体与水槽内的水的共同作用下使摆体的运动轨迹与稳定波的运动轨迹基本相同，摆体与入射波产生共振，使波浪能的利用达到最大值。

图 13.9 所示为固定式摆式波浪发电装置的运行状况。该装置固定在海岸边，虽然海面波涛翻滚，但在摆式波浪发电装置的水槽内用于发电的波基本上为稳定波，因而发电输出比较稳定。

3. 鸭式波浪发电

图 13.10 所示为鸭式波浪发电装置。波浪运动时使流体产生动压力和静压力，这些力使靠近鸭嘴的浮动前体 A 做摇摆运动，带动浮动后体 B 绕相对固定的回转轴往复旋转，驱动与之相连的油压泵工作，将波浪能转换为油的压能，经液压系统驱动发电机组发电。鸭式装置有较高的波浪能转换效率，但结构复杂，海上工作安全性差。为了提高转换效

率，一般将面向波浪的曲面做成指数函数的形状，而波的下侧的曲面做成圆弧形状。

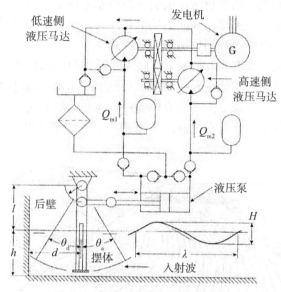

图 13.8 固定式摆式波浪发电装置

图 13.9 固定式摆式波浪发电装置运行状况

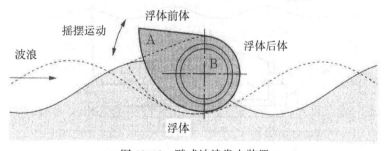

图 13.10 鸭式波浪发电装置

13.3.3　水流式波浪发电

　　水流式波浪发电利用收缩水道将波浪引入高位蓄水池形成水位差，低水头水力发电机组利用水头和流量发电。可见水流式波浪发电是一种利用波浪能将海水聚集到高处的蓄水池中形成位能，水力发电机组利用位能发电的方式。

　　图 13.11 所示为收缩水道式波浪发电。收缩水道类似喇叭形状，它是能量捕捉和能量转换部分，具有捕捉波浪能和能量转换的双重功能。当海水涨潮时波浪经逐渐变窄的上升坡道进入高位蓄水池中，将波浪能转换成位能；当海水退潮时从高位蓄水池流出的水流使低水头水力发电机组发电。与通常的波浪发电相比，收缩水道没有活动部件，可靠性高，维护费用低。

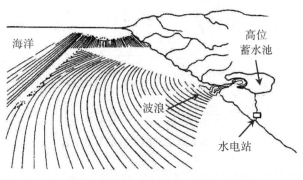

图 13.11　收缩水道式波浪发电

13.3.4　受压板式波浪发电

　　图 13.12 所示为受压板式波浪发电装置，它由受压板、阀门、水轮机以及发电机等组成。受压板将波浪能转换成压力和水流的能量，水轮机利用其能量驱动发电机发电。该发电装置能量转换比较容易，由于发电装置安装在海底，不受海洋异常情况的影响，比较安全。不过该发电装置需要有防水功能，而且维护保养比较困难。

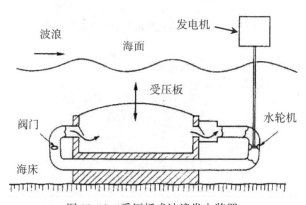

图 13.12　受压板式波浪发电装置

13.3.5 越浪式波浪发电

图 13.13 所示为越浪式波浪发电装置，它由防波堤、高位蓄水池、水轮机以及发电机等组成。其工作原理是：波浪上升越过防波堤进入高位蓄水池，该蓄水池中的水面与海面形成水头，低水头水轮机利用此水头工作，将波浪能转换成机械能并驱动发电机发电。

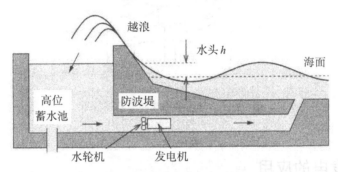

图 13.13　越浪式波浪发电装置

13.3.6 动力转换装置

如前所述，波浪发电装置可分为能量捕获、动力转换以及发电转换三级。在第一的级捕获波浪能的方式中，振荡水柱式波浪发电装置将波浪能转换成压缩空气，机械式的摆式装置等将波浪能转换成机械能，而收缩水道式将海水聚集到高处，将波浪能转换成位能，由于这些形式的能量不能直接或方便地用于驱动发电机发电，因此需要利用第二级的动力转换装置，将第一级获得的压缩空气、机械能、压能以及位能等转换成方便进行发电的机械能。把捕获的波浪能转换为特定形式的机械能的动力转换装置主要有空气涡轮、液压系统以及低水头水轮机等。

波浪发电主要有振荡水柱式、机械式、水流式、受压板式以及越浪式等，这些发电方式所使用的动力转换装置各不相同。在振荡水柱式波浪发电中，可利用气阀对气流进行整流变换，通过空气涡轮进行动力转换，使发电机能方便地进行发电。除了有阀式振荡水柱式外，也可使用无阀式振荡水柱式，它是一种利用往复气流作同向旋转的特殊涡轮；在机械式波浪发电中，如鸭式波浪发电和摆式波浪发电，动力转换装置一般使用液压马达、液压缸等液压系统；而在水流式、受压板式以及越浪式波浪发电中，一般使用低水头水轮机进行动力转换。

图 13.14 所示为空气涡轮式动力转换装置，该装置采用无阀式振荡水柱式结构，空气涡轮的叶片为上下对称(即圆盘侧面对称)形状，同时具有整流变换和原动机的功能，结构比较简单。当波浪上、下运动时，空气被压缩、减压产生往复流动，空气涡轮在往复气流的作用下沿逆时针方向单向旋转，驱动与之相连的发电机发电。

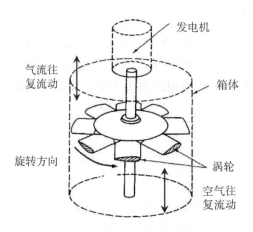

图 13.14　空气涡轮式动力转换装置

13.4　波浪发电的应用

我国是世界上进行波浪能研发的主要国家之一，对波浪发电进行了大量的研究和试验，如漂浮式和固定式振荡水柱发电装置，摆式发电装置等，并研制了航标灯用波浪发电装置、大型波浪发电机组等。我国在珠海市大万山岛兴建了一座装机容量为 100kW 的鸭式波浪发电站，在广东汕尾市遮浪兴建了装机容量为 100kW 的固定式振荡水柱式发电站，在青岛即墨大官岛兴建了装机容量为 100kW 的摆式波浪发电站。

大万山岛鸭式波浪发电站如图 13.15 所示，该电站装机容量为 100kW，主要由钢结构件、液压转换系统以及水轮机发电机组等组成。该发电装置长 34.5m，宽 12m，高 17m，总重量约为 350T。该电站的外形为鸭式形状，采用放气方法使鸭头完全埋入水中，而鸭背浮在水面上以降低波浪载荷，从而提高装置的抗台风能力。

图 13.15　大万山岛波浪发电站

图 13.16　波浪风力发电装置

图 13.16 所示为英国开发的 OSPRAY 波浪风力发电装置，该装置由波浪发电和风力发电组合而成。近年来由于风机容量和高度的不断增加，在海上安装风机的固定基础也在不断变大，由于固定基础的成本占发电成本的比例较大，因此该装置使用波浪发电部分作为风机的固定基础可大幅减少发电成本。

第14章　太阳能光伏发电

太阳能(solar energy)以热能和光能的形式存在，太阳能光伏发电(solar photovoltaic power generation)利用太阳的光能发电。太阳能光伏发电基于光生伏特效应的原理，通过太阳能电池将太阳的光能直接转换成电能。太阳能光伏发电使用取之不尽的自然能源、发电成本低、清洁无污染、无噪声、运行维护方便，可作为分布式电源使用，将来可成为主要电源之一，目前正得到迅速普及和广泛应用。

本章主要介绍太阳能、太阳能光伏发电原理、太阳能光伏发电系统的基本构成、太阳能电池的种类、构成、特点、太阳能电池方阵、太阳能电池发电特性、并网逆变器、太阳能光伏发电系统及应用等。

14.1　太阳能

14.1.1　太阳的能量

太阳是一颗恒星，距离银河系中心约 3 万光年，半径约为 $6.96×10^5$ km，质量约为 $1.99×10^{27}$ T，分别为地球的 108 倍和 33 万倍，离地球的距离约为 $1.5×10^8$ km，太阳中心的温度大约为 1500 万℃，表面温度约为 6000℃。

太阳由气体和尘埃聚集而成，氢气约占 72%，氦气约占 25.6%。由于其在引力的作用下收缩，使太阳内部变成高温高压状态，使氢原子之间发生碰撞生成氦原子，这个过程称之为核聚变反应。核聚变反应会导致太阳的质量减少，根据爱因斯坦的狭义相对论理论，由于质量与能量等价，因此核聚变所减少的质量则以太阳能的形式释放出来，其能量为每秒约 $3.8×10^{26}$ J。

太阳年消耗的氢原子质量约为 $1.89×10^{16}$ T，太阳的质量约为 $1.99×10^{27}$ T，理论上太阳的氢原子可消耗约 1000 亿年，但由于核聚变需要使用高温高压的氢原子，核聚变所实际使用的氢原子大约为太阳的总氢原子的 10% 左右，因此太阳的寿命约为 100 亿年。现在太阳的年龄约为 46 亿年，因此太阳的寿命还有约 54 亿年。

太阳能是由太阳内部的氢原子经过核聚变而产生的一种能量，它向宇宙释放出约 $3.85×10^{23}$ kW 的巨大能量。由于大气层中云、水分子等的反射、吸收作用，太阳能在到达地表的途中会减少，其中约 30% 的能量反射到宇宙，剩下的 70% 的能量到达地表，换算成电能约为 $1.73×10^{14}$ kW，相当于目前世界总消费电能 $1.10×10^{10}$ kW 的一万倍以上，太阳一小时辐射到地球的能量相当于全世界一年的能量总消费量。太阳能具有能量巨大、非枯竭、清洁、均匀等特点，作为未来的能源是一种非常理想的清洁能源，如果高效地利用太阳能，可为人类提供充足的能源。

14.1.2 我国的太阳辐射量分布

我国的太阳辐射量分布根据辐射强度可分为 5 类：①一类地区包括宁夏及甘肃北部、新疆东部、青海及西藏西部等地，年累计辐射量为 6600～8400MJ/m²，为太阳能资源最丰富的地区；②二类地区包括河北西北部、山西北部、内蒙古南部、宁夏南部等地，年累计辐射量为 5850～6680MJ/m²，为太阳能资源较丰富的地区；③三类地区包括山东、河南、河北东南部、山西南部、广东南部等地，年累计辐射量为 5000～5850MJ/m²，为太阳能资源中等类型地区；④四类地区包括湖南、湖北、江西、广东北部等地，年累计辐射量为 4200～5000MJ/m²，为太阳能资源较差的地区；⑤五类地区包括四川、贵州两省，年累计辐射量为 3350～4200MJ/m²，为太阳能资源最少的地区。可见，我国有丰富的太阳能资源，利用前景十分广阔。

14.1.3 太阳常数和大气质量

大气层外的太阳辐射强度为 1.395kW/m²，称为太阳常数，指当太阳与地球处在平均距离位置时，大气层上部与太阳光垂直的平面上单位面积的太阳辐射能量密度。晴天、正午前后到达地球表面的辐射强度约为 1.0kW/m²，宇宙中的辐射强度比地表高约 40%。在宇宙可充分利用太阳能。

地面上的太阳辐射强度与地球纬度、气象条件、季节、时间等有关，太阳光在辐射到地球的过程中，辐射强度的大小与其通过的大气层的厚度有关，定量地表示大气厚度的单位称为大气质量(air mass，AM)它用来表示大气对地球表面接受太阳光的影响程度。大气层外用 AM0、垂直于地表面用 AM1、标准大气条件下用 AM1.5 表示。在太阳能光伏发电系统设计、测试以及评价时一般采用 AM1.5。

14.2 太阳能光伏发电原理

14.2.1 PN 结半导体

硅是地壳中第二丰富的元素，主要以氧化物的形式存在于岩石、砂砾和尘土之中。制造晶硅太阳能电池所使用硅原料的纯度较高。常见的晶硅太阳能电池一般由 P 型半导体和 N 型半导体材料制成，PN 结半导体如图 14.1 所示。在 PN 结，多数载流子产生扩散运动，而少数载流子产生漂移运动，当扩散运动和漂移运动达到动态平衡时，PN 结处于动态平衡状态。

1. 扩散运动

当 P 型半导体和 N 型半导体结合在一起时，由于交界面处存在载流子浓度的差异，电子和空穴则从浓度高的地方向浓度低的地方扩散。P 区中的空穴迁移到 N 区，使 P 区一侧因失去空穴而留下不能移动的负离子。而 N 区中的电子迁移到 P 区，使 N 区一侧因

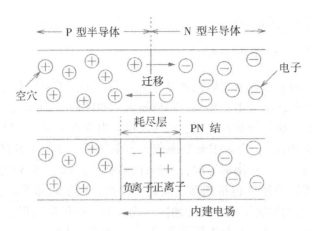

图 14.1　PN 结半导体

失去电子而留下不能移动的正离子。这些不能移动的带电粒子通常称为空间电荷,它们集中在 P 区和 N 区交界面附近,形成了一个很薄的空间电荷区,这就是 PN 结。

在 PN 结由于多数载流子扩散到对方或被对方扩散过来的多数载流子所复合,多数载流子被消耗尽了,所以该区域又称为耗尽层。由于载流子扩散运动的作用,P 区一侧呈现负电荷,N 区一侧呈现正电荷,因此空间电荷区出现了方向由 N 区指向 P 区的电场,称为内建电场。

2. 漂移运动

内建电场是由多数载流子的扩散运动引起的,它一方面阻碍多数载流子的扩散,另一方面 P 区和 N 区的少数载流子一旦靠近 PN 结,便在内建电场的作用下漂移到对方,使空间电荷区变窄。

扩散运动使空间电荷区加宽,内建电场增强,有利于少数载流子的漂移而不利于多数载流子的扩散;而漂移运动使空间电荷区变窄,内建电场减弱,有利于多数载流子的扩散而不利于少数载流子的漂移。当扩散运动和漂移运动达到动态平衡时,交界面形成稳定的空间电荷区,即 PN 结处于动态平衡,通常没有电流产生。

14.2.2　PN 结半导体的发电原理

图 14.2 所示为 PN 结半导体的能带图。它分为价带、导带和禁带。价带是指在绝对零度下能被电子占满的最高能带;导带是指自由电子所具有的能量范围,是由自由电子形成的能量空间;禁带是指价带和导带之间的能态密度为零的能量区间,价带和导带之间的能量差又称带隙。

当太阳光照射在耗尽层区域时,若处在价带的电子所吸收的光能量大于其穿越禁带所需的能量,则电子被激发并迁移至导带,并在电场的作用下向 N 区移动,而在价带失去电子所产生的空穴则向 P 区移动,如果此时外部电路接有负载,则 N 型半导体中的电子通过外部电路向 P 型半导体移动,从而产生电能。

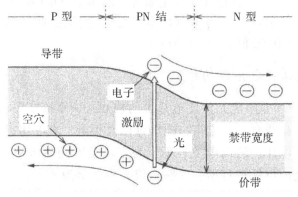

图 14.2 PN 结半导体的能带图

14.2.3 太阳能电池的开路电压和短路电流

太阳光含有紫外线光、近红外线光、远红外线光以及可见光等各种波长的光。而半导体的可吸收光的波长由禁带宽度决定，它们之间存在如下关系。

$$hv = \frac{1239.8}{\lambda} \qquad (14.1)$$

式中，hv 为光能量，禁带宽度一般用此量来表示；λ 为波长。如果半导体的禁带宽度为 1.55eV，则可吸收波长为 0.8μm 的可见光的能量。由上式可知，禁带宽度小的太阳能电池可吸收波长范围较宽的太阳光能，反之、禁带宽度大的太阳能电池只能吸收波长范围较窄的太阳光能。

太阳能电池的开路电压与半导体的禁带宽度密切相关，禁带宽度小的太阳能电池的开路电压低，反之则高。太阳能电池的开路电压因所用的半导体材料不同而存在差异。太阳能电池单体(又称太阳能电池芯片 solar cell)的开路电压一般为 1.0V 左右，晶硅太阳能电池的为 0.7V 左右。

电流是从太阳能电池取出的电子量，它与所吸收的光子量成正比，而光的吸收量与半导体的禁带宽度密切相关。太阳能电池的短路电流与半导体的禁带宽度成反比，禁带宽度小的太阳能电池的短路电流大，反之则小。太阳能电池的短路电流可用短路电流密度来表示，即太阳能电池所获取的电流除以受光面积，单位为 A/cm^2。

为了尽量吸收不同波长的太阳光的能量，可使用异质结、多结以及多带隙太阳能电池等。异质结太阳能电池由两种禁带宽度不同的半导体材料形成的异质结构成；多结太阳能电池由不同带隙的多个电池叠加构成；而多带隙太阳能电池为在禁带中间引入中间带隙和杂质能级构成。

14.3 太阳能光伏发电系统的基本构成

太阳能光伏发电系统是指将太阳的光能变成电能，并对电能进行控制、转换、分配以及送入电网或负载的系统。太阳能光伏发电系统一般用于户用(如住宅屋顶等)发电、工商业发电等领域,可分为离网型系统和并网型系统等。这里主要介绍常用的太阳能光伏发电系统的基本构成、工作原理以及发电特点等。

14.3.1　太阳能光伏发电系统的构成

图 14.3 所示为户用太阳能光伏发电系统的构成。该系统主要由太阳能电池方阵、并网逆变器、支架、接线盒、汇流箱、配电盘以及买电、卖电用电表等组成。由于太阳能电池组件的输出电压、输出电流较低,为了满足不同负载对电压、电流的需要,一般将多个太阳能电池组件进行串、并联构成太阳能电池方阵,并将光能直接转换成直流电。

由于太阳能电池的输出为直流电,而通常需要将发出的电能供交流负载使用或送入电网,因此需要使用并网逆变器将直流电转换成交流电。并网逆变器由逆变器、并网装置、系统监视、保护装置以及蓄电池充放电控制装置等构成,具有直流/交流电能转换、监控、保护、并网等功能。主要用来将太阳能电池所产生的直流电转换成交流电、实现监控、保护以及并网等功能。户用太阳能光伏发电系统中也可安装蓄电池蓄电,当太阳能电池不发电、发电不足、或应急时供负载使用。

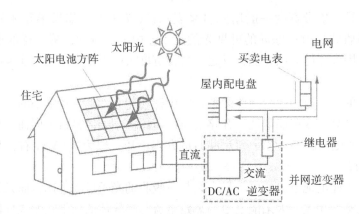

图 14.3　户用太阳能光伏发电系统

14.3.2　太阳能光伏发电的特点

太阳能光伏发电的特点主要有:

(1)太阳的能量极其巨大,是一种取之不尽、用之不竭的能源;

(2)发电不产生有害排放物、无公害,是一种清洁能源;

(3)太阳能电池输出功率随季节、天气、时刻而变动,是一种间歇式能源;

(4)可将太阳的光能直接转换成电能,结构简单、无可动部分、无噪声、检修维护简便;

（5）太阳能电池以模块为单位，可根据用户的需要方便地选择所需容量；

（6）由于重量较轻，可安放在屋顶、墙面、空地等处，有效利用土地；

（7）作为分布式发电，一般离负荷较近，没有输电损失；

（8）可改善配电系统的运转特性，如实现高速控制、无功功率控制等。

14.4 太阳能电池

14.4.1 太阳能电池的基本构成和发电原理

根据太阳能电池所使用的材料、制造方法等不同，其构成多种多样，发电原理也不尽相同。常用的晶硅太阳能电池的构成及发电原理如图 14.4 所示，它主要由 P 型半导体、N 型半导体、正电极、负电极以及反射防止膜等构成。当太阳光照射在太阳能电池上时，它吸收太阳的光能并产生空穴(+)、电子(-)对，空穴向 P 型半导体集结，而电子向 N 型半导体集结，当在太阳能电池的背面和表面的正负电极之间接上负载时便有电流流过。通常表面电极为负极，而背面电极为正极。

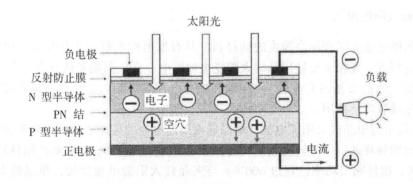

图 14.4　晶硅太阳能电池的构成及发电原理

14.4.2 太阳能电池的种类

目前，从实际应用到研发中的太阳能电池的种类繁多，根据太阳能电池的材料、形式、用途等不同，可将太阳能电池分成不同的种类。如根据其使用的材料分类，太阳能电池可分为硅半导体、化合物半导体、有机半导体以及量子点等种类。太阳能电池也可按形式、用途等分类，可分为透明太阳能电池、半透明太阳能电池、柔性太阳能电池、异质结太阳能电池(HIT)、多结太阳能电池、多带隙太阳能电池、微晶硅太阳能电池、球状电池、量子点电池等。表 14.1 所示为根据材料分类的太阳能电池种类。

表 14.1   **根据材料分类的太阳能电池种类**

半导体类型	太阳能电池种类	太阳能电池材料
硅半导体	晶硅	单晶硅
		多晶硅
		异质结
	非晶硅	薄膜　多结
化合物半导体	Ⅲ-Ⅴ族	GaAs(镓、砷)，InP(铟、磷)等
	Ⅱ-Ⅵ族	CdS(镉、硫)，CdTe(镉、碲)等
	Ⅰ-Ⅲ-Ⅳ族	CuInSe：CIS(铜铟硒)等
有机半导体	染料敏化(湿式)	
	有机薄膜	
其他	量子点、纳米粒子	

14.4.3　各种太阳能电池

1. 单晶硅太阳能电池

晶硅太阳能电池一般使用高纯度的硅材料，具有发电性能好、工作稳定、可靠性高、转换效率高的特点。现在主要使用晶硅太阳能电池发电，在太阳能光伏发电中占主流。目前晶硅太阳能电池的市场占有率约为 90%，在户用、工商业、大型太阳能光伏发电站、宇宙空间等领域被广泛使用。

图 14.5 所示为单晶硅太阳能电池。单晶硅太阳能电池的硅原子排列规则整齐，电子、空穴在其中可顺利移动，因此转换效率较高，理论值为 24%~30%，实际的组件转换效率为 15%~22%，组件输出功率已超过 600W。与多晶硅太阳能电池比较，单晶硅太阳能电池制造技术比较成熟、结晶中的缺陷较少、转换效率和可靠性较高、特性比较稳定，但成本略高。

2. 多晶硅太阳能电池

图 14.6 所示为多晶硅太阳能电池。多晶硅由较小的单晶硅构成，电子、空穴的移动不如单晶硅那样顺畅，因而转换效率略低。多晶硅太阳能电池组件的转换效率为 15%~17%。由于其制造比较容易、适合于规模化生产、成本低、可靠性高、使用广，因此其使用量已超过单晶硅太阳能电池。它可广泛用于发电、电子计算器、钟表等行业。

3. 非晶硅太阳能电池

图 14.7 所示为非晶硅太阳能电池。它的原子排列呈现无规则状态，因此转换效率低，组件转换效率为 10% 左右。晶硅太阳能电池厚度一般约为 300μm，而非晶硅太阳能电池

厚度为数 μm 以下，因此可大幅减少原材料硅的使用量，降低太阳能电池的制造成本。非晶硅太阳能电池制造所需能源少、原料少、制造工艺简单、可实现规模化生产、可方便地制成各种曲面形状等。另外非晶硅太阳能电池和其他种类的太阳能电池进行组合可制成异质结太阳能电池等，提高太阳能电池的温度特性、转换效率以及输出功率等。

4. 化合物太阳能电池

化合物是由两种以上元素构成的物质。化合物太阳能电池是由多种元素组成的半导体材料制成的太阳能电池，该电池使用砷化镓 GaAs、磷化铟 InP、硫化镉/碲化镉 CdS/CdTe、铜铟硒 CIS 以及铜铟镓硒 CIGS 等化合物半导体材料，主要有 GaAs 太阳能电池、CdS/CdTe 太阳能电池以及 CIS/CIGS 太阳能电池等种类。与硅材料太阳能电池相比，化合物太阳能电池具有禁带宽、光吸收能力强、转换效率高、柔软、节省资源、重量轻、制造成本较低等优点，但存在使用稀有元素，CdS/CdTe 太阳能电池使用对人体和环境有害的镉 Cd 元素等问题。

图 14.8 所示为 CIS/CIGS 太阳能电池，它主要由负电极、N 型半导体、P 型半导体、正电极以及玻璃衬底等组成。它使用铜 Cu、铟 In、硒 Se 等材料，称为铜铟硒太阳能电池。而 CIGS 太阳能电池则在 CIS 太阳能电池中加入了镓 Ga 材料，称为铜铟镓硒太阳能电池。

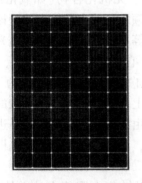

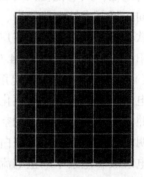

图 14.5 单晶硅太阳能电池　　　　　图 14.6 多晶硅太阳能电池

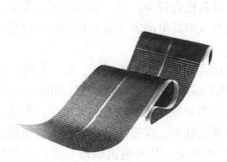

图 14.7 非晶硅太阳能电池　　　　　图 14.8 CIS/CIGS 太阳能电池

CIS/CIGS 太阳能电池光吸收率较高，理论转换效率可达 25%~30% 以上，组件转换效率为 15% 以上。实际的 CIGS 太阳能电池转换效率与多晶硅太阳能电池的转换效率几乎相同，已达 15% 以上，但太阳能电池的厚度仅为 $1~2\mu m$，只有晶硅太阳能电池厚度的 1/100 左右。

CIS/CIGS 太阳能电池具有光吸收率高、转换效率高、制造成本低、厚度薄、省资源、温度系数小、在高温地区使用可增加发电量等特点，已经在发电等领域得到了广泛应用，由于其良好的发电特性，将来可能超过晶硅太阳能电池，成为太阳能光伏发电的主流电池。

5. 有机太阳能电池

有机太阳能电池可分为染料敏化太阳能电池和有机薄膜太阳能电池两种。染料敏化太阳能电池是一种模仿植物的光合作用机理发电的电池。有机薄膜太阳能电池是一种利用有机化合物半导体材料制成的电池。有机太阳能电池具有重量轻、制造容易、成本低、柔软等特点，它的发明只有约 30 年的历史，其转换效率已达 12% 以上，未来可望用于许多新的应用领域。

1）染料敏化太阳能电池

染料敏化太阳能电池与晶硅太阳能电池和化合物太阳能电池不同，是一种模仿植物光合作用机理发电的电池，该电池使用有机化合物、无机化合物（如氧化钛、碘）等。根据所利用的染料不同，可制成红、蓝、绿、黄等五颜六色的太阳能电池。该太阳能电池重量轻、成本低、柔软、易弯曲，可贴在窗户、车棚等上发电，也可用于透光的农业大棚等。

染料敏化太阳能电池的构成如图 14.9 所示。它由透明电极（TCO）、氧化钛（TiO_2）粒子、染料（即色素）、含有碘酸离子的电解液以及白金电极或碳电极（为正极）等构成。在染料敏化太阳能电池中，色素附着在氧化钛粒子上，并浸泡在含有碘酸的电解液中，当色素受到太阳光的照射时产生自由电子和空穴，自由电子被氧化钛吸收，进入氧化钛半导体的导带，经过透明电极和外部电路流向白金电极，即自由电子从透明电极流出，经外部电路的负载流回到电解液和色素中产生电流。

图 14.10 所示为染料敏化太阳能电池。染料敏化太阳能电池单体转换效率已达约 12%，组件转换效率约为 8.5%。与硅材料的太阳能电池相比，由于制造采用节能、高速制造的方法，所以容易实现规模化生产，设备投资较少，制造成本较低，发电成本约为晶硅太阳能电池的一半，甚至更低，作为新型太阳能电池未来将会得到广泛应用与普及。

2）有机薄膜太阳能电池

有机薄膜太阳能电池是一种利用有机化合物（如碳、氢、氮、氧、硫磺、磷等构成的化合物）半导体制成的电池，主要使用导电性高分子材料或富勒烯（fullerene）球壳状碳分子材料制成，这两种材料可分别作为有机 P 型半导体、N 型半导体使用，但这两种材料不是层状结合，而是将它们进行混合构成异质结电池，以提高转换效率。有机薄膜太阳能电池可分为 P 型、PN 型、PIN 型以及混合型等种类，其发电机原理与晶硅太阳能电池、化合物太阳能电池基本相同。

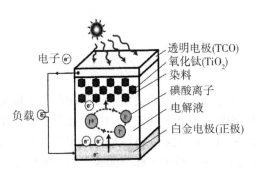

电子 e^-
透明电极(TCO)
氧化钛(TiO$_2$)
染料
碘酸离子
电解液
负载
白金电极(正极)

图 14.9　染料敏化太阳能电池的构成

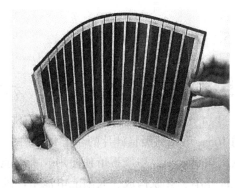

图 14.10　染料敏化太阳能电池

图 14.11 所示为有机薄膜太阳能电池组件。它可使用印刷技术制成薄膜、胶片等形状。太阳能电池单体转换效率约为 6%，组件转换效率为 3.5% 左右。该电池具有制造成本低、轻便、柔软、可弯曲、美观、不易碎裂、色彩丰富等特点，但耐久性较差、转换效率较低，是一种与传统太阳能电池的应用领域完全不同的新一代太阳能电池。该太阳能电池应用设计比较自由、用途非常广泛，可广泛用于庭院、窗台、背包等发电，也可作为便携式装置的电源等。

6. 异质结太阳能电池

由两种禁带宽度不同的半导体材料形成的结称为异质结，由异质结构成的电池称为异质结电池(heterojunction cell，HIT)。图 14.12 所示为异质结(HIT)太阳能电池。它是一种利用晶硅基板和非晶硅薄膜制成的混合型太阳能电池，它由晶硅太阳能电池与非晶硅太阳能电池叠加而成。HIT 太阳能电池高温特性好、发电效率高、可节省安装面积，适合于安装面积受到限制、要求发电出力高以及温度较高的场合使用。

图 14.11　有机薄膜太阳能电池组件

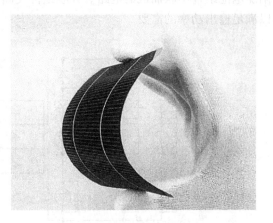

图 14.12　HIT 太阳能电池

14.5　太阳能电池方阵

14.5.1　太阳能电池单体、组件与方阵

图 14.13 所示为晶硅太阳能电池单体、组件与方阵之间的关系。太阳能电池单体是一种约 10cm 角长的板状硅片的半导体器件，开路电压为 0.5~0.7V。由于太阳能电池单体的输出功率太小，一般不单独使用。太阳能电池组件由太阳能电池单体经串联构成，方阵由组件经串、并联构成，太阳能电池组件的输出功率一般为 100~300W。太阳能电池方阵由多枚组件经串、并联而成的组件群以及支撑这些组件群的支架构成。太阳能电池方阵需要满足并网逆变器的输入电压、转换功率以及负载的电压和功率的需要。

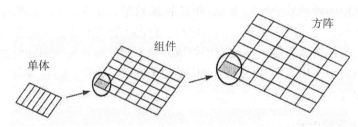

图 14.13　晶硅太阳能电池单体、组件与方阵之间的关系

14.5.2　太阳能电池方阵电路

太阳能电池方阵电路如图 14.14 所示，它由太阳能电池组件构成的串联组件支路、阻塞二极管 D_s、旁路二极管 D_b 以及接线盒等构成。串联组件支路是根据所需输出电压将太阳能电池组件串联而成的电路。并联组件支路由各串联组件支路经阻塞二极管并联构成，以满足输出功率的需要。

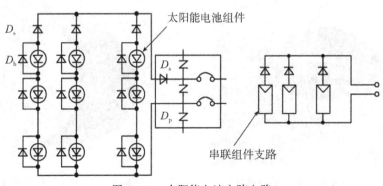

图 14.14　太阳能电池方阵电路

各太阳能电池组件都接有旁路二极管，当太阳能电池方阵的一部分被阴影遮盖或组件

的某部分出现故障时，电流则经旁路二极管流过。如果不接旁路二极管，串联组件支路的总输出电压将对故障组件形成反向电压，使其出现局部发热点，一般称这种现象为热斑效应，它会使全方阵的输出功率下降，严重情况下可能损坏太阳能电池，导致故障的发生。

14.5.3　太阳能电池方阵的倾角和方位角

倾角是指安装的太阳能电池方阵与水平面之间的夹角，太阳能电池方阵水平安装时为 $0°$，垂直安装时为 $90°$，太阳能电池方阵的倾角一般与其安装地的纬度保持基本一致，以使太阳能电池方阵有较大的发电输出功率。

方位角是指东西南北方向的角度，北半球的正南方向为 $0°$，正西为 $+90°$，正东为 $-90°$，为了使太阳能电池尽量接受较强的太阳光以增加发电输出功率，北半球设置的太阳能电池方阵应面朝南向，反之则面朝北向。

14.6　太阳能电池发电特性

太阳能电池发电特性与日照强度（单位面积内接收到的太阳辐射功率的大小，W/m^2）、太阳光频谱、电池温度等密切相关。太阳能电池发电特性包括太阳能电池输入输出特性、光谱响应特性、日照强度特性以及温度特性等。输入输出特性表示太阳能电池的电流与电压的关系，光谱响应特性表示太阳能电池对不同波长入射光能转换成电能的能力，日照强度特性表示太阳能电池的电压、电流以及输出功率随日照强度变化的关系，温度特性表示太阳能电池的电流、电压与温度的关系。

14.6.1　输入输出特性

1. 太阳能电池的输入输出特性

太阳能电池的 PN 结可模拟为由恒流源、二极管、串联电阻以及并联电阻组成的等效电路，如图 14.15 所示的点线框内。其中，I_{ph} 为光电流，I_d 为二极管电流，I_{sh} 为漏电流，R_s 为串联电阻，R_{sh} 为并联电阻，R 为负载电阻。一般来说，实际的太阳能电池的串联电阻较小，而并联电阻较大。

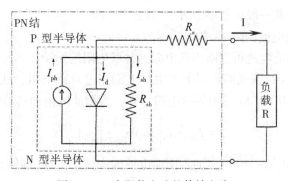

图 14.15　太阳能电池的等效电路

1）理想的太阳能电池

为了便于理解，这里假定太阳能电池为理想太阳能电池，即不考虑串联电阻、并联电阻。所谓理想太阳能电池是指将太阳能电池视为恒流源 I_{ph}（在恒定光照下，其光电流不随工作状态而变化），并将二极管并列接入电路。

这里假定负载电阻为 0，即短路状态。由等效电路可知，太阳能电池输出电流 I 可用下式表示。

$$I = I_{ph} - I_d \qquad (14.2)$$

式中，I_{ph} 为光电流，I_d 为二极管电流。光电流 I_{ph} 是硅半导体 PN 结在光照下，由于光电效应的作用，由 N 型半导体流向 P 型半导体的电流。此时电子由 P 型半导体流向 N 型半导体。详细内容可参考前述的能带图。

根据二极管的输入输出特性，在 P 型电极（即二极管正极）加正向电压 V（即顺向电压）时，二极管电流 I_d 从 P 型半导体流向 N 型半导体（即二极管负极），可见光电流与二极管电流 I_d 的流向相反。

二极管电流为

$$I_d = I_o\left[\exp\left(\frac{eV}{nkT}\right) - 1\right] \qquad (14.3)$$

式中，I_{ph} 为与光照成正比的光电流；I_o 为饱和电流；n 为二极管常数；k 为波耳兹曼常数；T 为太阳能电池的温度；e 为电子的电荷量。

2）实际的太阳能电池（不接负载电阻时）

由于太阳能电池存在电极损失、漏电等，需要考虑实际的太阳能电池，即考虑串联电阻 R_s、并联电阻 R_{sh} 的情况。这里假定不接负载电阻。串联电阻是由于表面和背面电极接触、材料本身的电阻率、基区和顶层等因素而引入的附加电阻；考虑电池边沿的漏电，电池的微裂纹、划痕等形成的金属桥漏电等因素，可用一个并联电阻来等效。

引入串联电阻和并联电阻后，太阳能电池的输出电流为

$$I = I_{ph} - I_o\left[\exp\frac{e(V + IR_s)}{nkT} - 1\right] - \frac{V + IR_s}{R_{sh}} \qquad (14.4)$$

上式为实际的太阳能电池的电压与电流之间的关系。太阳的辐射强度大、电流大时，串联电阻的影响大，反之并联电阻的影响大。由于实际的太阳能电池性能较好，串联电阻小、并联电阻大，因此一般可忽略二者。

3）实际的太阳能电池（接入负载电阻时）

由于实际的太阳能电池可忽略串联电阻、并联电阻的影响，当太阳能电池外部电路接入负载电阻 R 时，PN 结在光照作用下产生的电流流过负载电阻，此时在 P 型电极（即二极管正极）被施加电压 $V = RI$，由等价电路可知，太阳能电池的输出电流 I 为

$$I = I_{ph} - I_o\left[\exp\left(\frac{eV}{nkT}\right) - 1\right] \qquad (14.5)$$

由上式可得到如图 14.16 所示的太阳能电池输入输出特性（即伏安特性，V-I 特性）和太阳能电池的电压表达式。

$$V = \frac{nkT}{e}\ln\left(1 + \frac{I_{\mathrm{ph}} - I}{I_\mathrm{o}}\right) \tag{14.6}$$

当电压 $V = 0$ 时，由 (14.5) 式，短路电流 I_{sc} 为

$$I_{\mathrm{sc}} = I_{\mathrm{ph}} \tag{14.7}$$

当 $I = 0$ 时，开路电压 V_{oc} 为

$$V_{\mathrm{oc}} = \frac{nkT}{e}\ln\left(1 + \frac{I_{\mathrm{sc}}}{I_\mathrm{o}}\right) \tag{14.8}$$

太阳能电池的输出功率 P_{out} 为

$$P_{\mathrm{out}} = IV = I\frac{nkT}{e}\ln\left(1 + \frac{I_{\mathrm{ph}} - I}{I_\mathrm{o}}\right) \tag{14.9}$$

或用以下表达式。

$$P_{\mathrm{out}} = VI = V\left[I_{\mathrm{ph}} - I_0\left(\exp\left(\frac{eV}{nkT}\right) - 1\right)\right] \tag{14.10}$$

在如图 14.16 所示的太阳能电池输入输出特性中，负载线为 $V = RI$，该直线与输入输出特性的交点称为工作点。太阳能电池最大输出功率时的工作点称为最佳工作点，此点所对应的电压、电流分别称为最佳工作电压 V_{op}、最佳工作电流 I_{op}，最大输出功率 P_{max} 为 V_{op} 与 I_{op} 的乘积。实际上，太阳能电池的工作点受负载条件、辐射条件以及气象条件（如温度等）的影响会偏离最佳工作点。由于太阳能电池的输出功率随工作点移动而变动，因此有必要利用逆变器对最大功率点进行跟踪控制，使太阳能电池的输出功率最大。最佳工作电压 V_{op} 和最佳工作电流 I_{op} 可由下式求得。

$$\left(\frac{\mathrm{d}P_{\mathrm{out}}}{\mathrm{d}V}\right)_{V = V_{\mathrm{op}}} = 0 \tag{14.11}$$

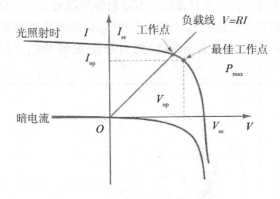

图 14.16 太阳能电池输入输出特性

2. 填充因子

填充因子（fill factor，FF）是衡量太阳能电池发电性能的一个重要指标。它是最大输出功率与开路电压和短路电流乘积之比。

$$FF = \frac{V_{op}I_{op}}{V_{oc}I_{sc}} \qquad (14.12)$$

填充因子为 1 时被视为理想太阳能电池。根据所使用的材料不同，填充因子也不同，一般在 0.5~0.8 之间。

3. 太阳能电池的转换效率

太阳能电池接受太阳的光能，其中一部分光会被反射，一部分光会透过太阳能电池，此外太阳能电池可利用的太阳光的波长范围与其所使用的半导体材料有关，它无法利用所有波长的光，因此太阳能电池不可能将所接受的光能全部转换成电能。

太阳能电池的转换效率用来表示照射在太阳能电池上的光能被转换成电能的大小。太阳能电池的转换效率 η 一般用太阳能电池的输出功率 P_{out} 与太阳能电池的输入能量（即入射功率）P_{in} 的百分比来表示。

$$\eta = \frac{P_{out}}{P_{in}} \times 100\% \qquad (14.13)$$

其中，输出功率 P_{out} 为从太阳能电池获取的最大电能，kW；输入能量 P_{in} 为日照强度（kW/m^2）与受光面积（m^2）的乘积。太阳能电池的转换效率一般用公称效率来表示。在太阳能电池研发、测试以及设计中广泛采用温度为 25℃，辐照强度为 $1kW/m^2$，大气质量 AM1.5 的标准条件。目前晶硅太阳能电池的转换效率为 20% 左右，为了提高太阳能电池的转换效率，可使用多结型太阳能电池、异质结型太阳能电池以及其他多种方法，以提高太阳能电池的输出功率。

14.6.2　光谱响应特性

太阳光是由各种不同波长的光构成的，其辐射强度随波长的变化而变化。图 14.17 所示为太阳光波长 λ 与辐射强度的关系。在 0.3~2.5μm 的波长范围聚集了 99% 的太阳光能量，其中波长 0.4μm 以下的紫外光能量约为总能量的 8%，可视光的波长为 0.4~

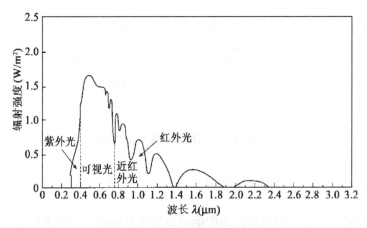

图 14.17　太阳光的波长与辐射强度

$0.75\mu m$，约占总能量的44%，波长$0.75\mu m$以上的红外光所占比例较高，约占总能量的48%。太阳能电池的输出功率与太阳的辐射强度直接相关，根据太阳能电池种类的不同，它可以利用紫外光、可视光以及红外光的能量发电。

光谱响应表示不同波长时光子产生电子-空穴对的能力。太阳能电池发电特性随入射光的波长而变化，太阳能电池光谱响应是指太阳能电池对不同波长入射光能转换成电能的能力，即输出电流与入射光强度的比，单位为A/W，它可用绝对光谱响应曲线或相对光谱响应曲线表示。太阳能电池的光谱响应特性一般用以光谱响应最大值为基准值的相对光谱响应来表示，该曲线的峰值越高、越平坦，短路电流密度越大，转换效率也越高。

图14.18所示为太阳能电池光谱响应特性(图中波长单位为nm)。太阳能电池由各种不同材料制成，由于各种材料的禁带宽度不同，它们对太阳光波长的响应也不同，因此输出功率与太阳光波长密切相关。硅太阳能电池发电对应的波长为$0.3\sim1.2\mu m$，非晶硅太阳能电池为$0.3\sim0.7\mu m$，CIS/CIGS太阳能电池为$0.3\sim1.3\mu m$。由于不同材料的太阳能电池的光谱响应不同，因此应根据实际情况选择合适的太阳能电池，如房间内使用荧光灯时，应选用非晶硅太阳能电池的太阳能计算器。

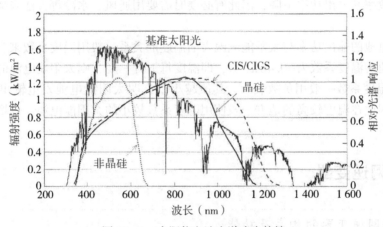

图14.18　太阳能电池光谱响应特性

14.6.3　日照强度特性

太阳能电池的电压、电流以及输出功率随日照强度的变化而变化，称为太阳能电池日照强度特性。图14.19所示为晶硅太阳能电池的日照强度特性。由图可见，随着日照强度的增加，太阳能电池的电压、电流会增加，但电流的增加较大。一般来说，短路电流I_{sc}与日照强度成正比，开路电压V_{oc}随日照强度的增加缓慢地增加，最大功率P_{max}几乎与日照强度成比例增加，填充因子FF几乎不受日照强度的影响。为了增加太阳能电池的输出功率，应尽可能将其安装在日照强度较强的地方。

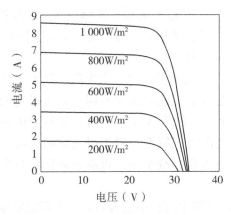
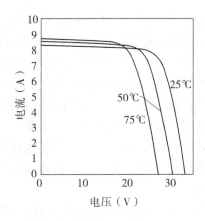

图 14.19　晶硅太阳能电池日照强度特性　　图 14.20　晶硅太阳能电池温度特性

14.6.4　温度特性

图 14.20 所示为晶硅太阳能电池的温度特性。太阳能电池表面温度上升则输出电流增加，但输出电压减少，由于电压的变化率大于电流的变化率，所以温度上升会导致太阳能电池的转换效率和输出功率下降，因此有必要时需要用通风、水冷等方法来降低太阳能电池的温度。

太阳能电池的输出功率与太阳能电池表面温度的关系一般用温度系数来表示，如单晶硅太阳能电池的温度系数为-0.48%/℃，即温度每上升一度，则太阳能电池的输出功率下降 0.48%。温度系数一般用负数表示，其值越小则说明太阳能电池发电输出功率受温度影响越小，因此在温度较高的地方一般使用温度系数较小的太阳能电池，以增加发电输出功率。

14.7　并网逆变器

14.7.1　并网逆变器的构成及功能

并网逆变器(power conditioning system，PCS)，是太阳能光伏发电系统中最重要的部件之一，它主要由整流器、逆变器、电压电流控制、MPPT 控制、系统并网保护、孤岛运行检测等电路等构成。逆变器的主要功能有：①将太阳能电池所产生的直流电转换成交流电，并使交流电的相位、电压、频率与电网的一致；②可对最大功率点进行跟踪控制，使太阳能电池的输出功率最大；③进行系统并网；④孤岛运行检测、自动启动、停止运转以及系统保护等；⑤抑制高次谐波电流流入电网，减少对电网的影响；⑥当多余电能流向电网时，能对电压进行自动调整，将负载端的电压维持在规定范围之内。有关并网逆变器的构成、工作原理以及并网原理等可参考本书第三章，这里介绍最大功率点跟踪控制等内容。

14.7.2 最大功率点跟踪控制

太阳能电池输出功率随日照强度、太阳能电池表面温度等因素的变化而变动。为了应对此变动，利用最大功率点跟踪控制(maximum power point tracking，MPPT)，可使太阳能电池的工作点始终跟踪最大功率点，并使太阳能电池的输出功率最大。

MPPT 控制原理是：以一定的时间间隔使并网逆变器的直流工作电压微小变动，测出太阳能电池输出功率，并与前次所测功率进行比较，然后控制并网逆变器的直流电压，使功率朝最大功率方向变化，并获取最大功率。这种方法称为登山法。如图 14.21 所示为登山法最大功率点跟踪控制曲线。这种方法不适用于当太阳能电池的输出功率曲线存在 2 个以上峰值的情况，为了对应这种情况，可使用扫描法跟踪控制等。

新一代并网逆变器称为智能并网逆变器，它具有进行网络信息传输、进行人机对话、与电网进行信息交流等智能功能。可对太阳能电池方阵等进行自动故障诊断，检测系统的输出功率是否正常等。智能并网逆变器可用于智能微电网、虚拟电厂、智能电网等，使电力系统满足低成本、高性能、长寿命、高可靠性等要求。

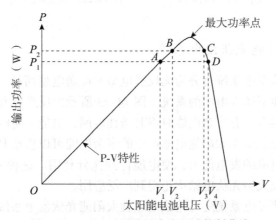

图 14.21 登山法最大功率点跟踪控制曲线

14.8 太阳能光伏发电系统

14.8.1 太阳能光伏发电系统的种类

太阳能光伏发电系统可分为离网型和并网型等型式。离网型太阳能光伏发电系统是不与电网并网的系统，一般设置蓄电池以便在太阳能光伏发电系统不发电或发电不足时为负载提供电能，但也可不设置蓄电池，太阳能光伏发电系统的电能直接供给负载。

并网型太阳能光伏发电系统是指太阳能光伏发电系统与电网并网的系统，一般不设置蓄电池，也可设置蓄电池进行自发自用或作为应急电源使用。并网型可分为无反送电型和反送电型等种类。

14.8.2　离网型太阳能光伏发电系统

图 14.22 所示为离网型太阳能光伏发电系统,该系统由太阳能电池、逆变器(含充放电控制器)、蓄电池以及负载等构成。该系统主要为家用电器设备,如照明、电视机等供电,由于这些设备为交流电器,而太阳能电池的输出为直流,因此必须使用逆变器将直流电转换成交流电。根据不同的需要,该系统也可不设置蓄电池,而只在白天为负载提供电能。

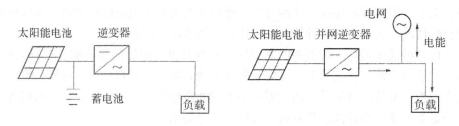

图 14.22　离网型光伏发电系统　　　　图 14.23　反送电并网型光伏发电系统

14.8.3　并网型太阳能光伏发电系统

并网型太阳能光伏发电系统可分为无反送电型和反送电型两种。无反送电型是指太阳能光伏发电系统的电能不送入电网的系统。图 14.23 所示为反送电并网型太阳能光伏发电系统,该系统为负载供电,有多余电能时将其送往电网,电能不足时则由电网供电。对于反送电型并网系统来说,由于太阳能电池产生的多余电能可以供给其他的负载使用,因此可以充分发挥太阳能电池的发电能力,使电能得到充分利用。这种系统在户用光伏发电、工商业用光伏发电以及大型光伏电站中正得到广泛应用。

并网型太阳能光伏发电系统还可构成区域型太阳能光伏发电系统、与其他系统进行组合构成微电网、虚拟电厂以及智能电网等。目前并网型系统应用较多,一般作为分布式电源使用,将来可望成为主要电源。

14.9　太阳能光伏发电系统应用

图 14.24 所示为户用并网型太阳能光伏发电系统,它由太阳能电池方阵、并网逆变器、汇流箱、配电盘、买卖电表等构成。其工作原理是:太阳能电池方阵产生的直流电经汇流箱送往并网逆变器,它将直流电转换成交流电,然后经配电盘送至住宅内的负载使用,有多余电能时则经卖电用电表送至电网,相反由电网经买电用电表为负载供电。

图 14.25 所示为屋顶型并网型太阳能光伏发电系统,该系统设置在大学校园内,发电容量为 40kW,太阳能电池方阵面积约 400m², 年日照量为 1500kWh/m²,年发电量约为 45000kWh。太阳能光伏发电系统所产生的直流电由 4 台逆变器转换成交流电后供学校照明、空调等设备使用。

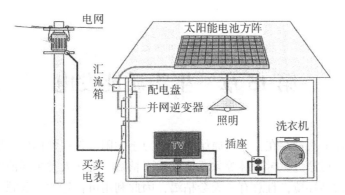

图 14.24　户用并网型太阳能光伏发电系统

随着住宅小区以及智能城市的建设，集中并网型太阳能光伏发电系统将会得到广泛应用与普及。图 14.26 所示为集中并网型太阳能光伏发电系统。该系统安装在住宅、公共设施上，其中住宅约 500 栋，系统容量为 1000kW，可为 300 栋住宅提供电能。

图 14.25　屋顶并网型光伏发电系统　　　　图 14.26　集中并网型光伏发电系统

第15章　生物质能发电

生物质在地球上大量存在，它的原始能量来源于太阳，是一种再生周期短、由动、植物等产生的资源，可通过植树造林等方法使其永不枯竭。现在人类主要消费煤炭、石油等化石燃料，不仅污染环境，且总有一天会枯竭，因此利用可再生的、资源丰富的生物质能是非常必要的。

生物质能是指太阳能以化学能形式贮存在生物质中的能量。生物质能可转换成气体燃料、液体燃料和固体燃料等能量形式进行利用。利用生物质能进行发电称为生物质能发电（biomass power generation），如直接燃烧产生蒸汽、通过生物化学转换产生甲烷或其他液体燃料、通过热化学转换产生气体燃料等，使用汽轮发电机组、燃气轮发电机组、燃气发动机发电机组以及燃料电池等发电。生物质能发电利用可再生能源，资源丰富、污染小、有利于环境保护，可作为分布式发电，利用当地生物质资源自发自用，适用于居住分散、人口稀少、用电负荷较小的农牧区及山区等。

本章主要介绍生物质能、生物质能的种类和转换方法、生物质能发电方式及特点、生物质能发电系统、生物质能发电应用等。

15.1　生物质能

植物吸收太阳的能量并将其蓄积在其中，动物吃植物并产生能量，植物或动物将太阳的能量进行转换，以不同的能量形式进行蓄积。一般把植物、动物、动物排泄物以及其废弃物称为生物质，从这些生物质获得的能量称为生物质能，利用生物质能进行发电称为生物质能发电。

15.1.1　生物质

生物质是利用照射在地球上的太阳光，在无机物水和二氧化碳（CO_2）的作用下，生物利用光合作用生成有机物，伴随生命与太阳光可持续、可再生的资源，它指利用大气、水、土壤等通过光合作用而产生的所有生物有机体的总称，包括植物、动物和微生物。如农作物、林产物、海产物(如各种海草)和城市垃圾(如纸张、生活废弃物)等。生物质的来源主要有林业资源、农业资源、生活污水和工业有机废水、城市固体废弃物和畜禽排泄物等。生物质具有能量变换短期性、可再生性、低污染性、广泛分布性、资源丰富以及碳中性等特点。碳中性是指动植物从生长到被燃烧利用的过程中，对地球来说二氧化碳的总量没有变化。

全球的生物质赋存量约 2 兆 t，每年经光合作用产生的生物质大约有 2000 亿 t，其中蕴含的能量相当于全球能源消耗总量的 10~20 倍，目前生物质的利用率还不到 3%。如果将全球每年产生的生物质转换成能量大约为 $3×10^{15}$ MJ，相当于到达地表太阳能的 0.1%，约为世界总能耗的 10 倍。

我国的生物质资源十分丰富，理论生物质资源约为 50 亿 t 标准煤，是总能耗的 4 倍左右。各种农作物每年产生秸秆 6 亿多 t，其中可作为能源使用的约 4 亿 t，全国林木总生物量约 190 亿 t，可获得的量约为 9 亿 t，可作为能源利用的总量约为 3 亿 t，因此生物质开发利用潜力巨大。

15.1.2　生物质能

生物质能是指太阳能以化学能形式蓄积在生物质中的能量，它以生物质作为载体储存太阳能，因此是一种可再生能源。生物质能主要由绿色植物的光合作用产生。图 15.1 所示为生物质的种类、转换和利用之间的关系。从它们之间的关系可以看出，对于不同的生物质，需利用不同的转换方法将其转换成气体、液体以及固体的生物质能用于发电等。

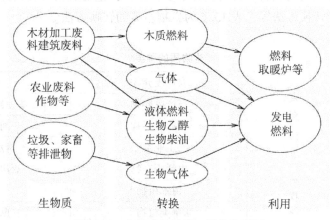

图 15.1　生物质的种类、转换和利用

木质燃料主要有木材加工废料、房屋解体等的建筑废料、林业废料、农业或花园的剪枝等；生物乙醇是指由甘蔗、玉米等原料制成的液体燃料；生物柴油由餐饮、食品工业、家庭的废食用油等原料制成，可用于柴油机发电；利用微生物将厨房垃圾、家畜排泄物进行分解可制成生物气体，生物气体可用于制造合成燃料或作为燃料使用。

由于生物质不能直接用于发电等场合，因此需通过直接燃烧、生物化学、热化学等方法转换成气体燃料、液体燃料和固体燃料用于发电等。以木质原料的转换、利用为例，对木质原料进行干燥、粉碎后通过燃烧用于发电，也可通过气化炉进行气化产生气体燃料（即生物气体）和热能，气体燃料用于燃气轮发电机组发电，热能用于汽轮发电机组发电。

生物质能源的利用仅次于煤炭、石油和天然气居第四位。将来全球总能耗将有 40% 以上来自生物质能源，生物质资源经过生产、转换，可作为能源或原料使用，生物质能源将成为未来持续能源的重要组成部分，由于生物质能的高效开发利用对解决能源、生态环境等问题将起到十分积极的作用，所以生物质能具有非常广阔的应用前景。

15.2　生物质能的种类和转换方法

15.2.1　生物质的种类

表 15.1 为生物质的种类。生物质可分为废弃物类和栽培作物类。废弃物类包括间伐材、木屑、稻草、麦秆、家畜排泄物、排水污泥、厨房废弃物等；栽培作物类包括树木、玉米、甘蔗、海带、水葫芦等。生物质除了上述分类外，还可分为动物类资源和植物类资源等。

15.2.2　生物质能的转换方法

生物质能可直接被利用，也可对其进行人工加工、转换，使之成为可利用的形式。一般来说，直接利用生物质资源有一定困难，需要将生物质资源转换成气体燃料、液体燃料以及固体燃料加以高效利用，如用于发电、作为热源、作为运输燃料等。生物质能转换就是将生物质变为可利用的燃料，其转换方法多种多样，主要有物理转换方法、生物化学转换方法以及热化学转换方法等，表 15.2 为生物质能的转换方法。

表 15.1　　　　　　　　　　　　　　　　生物质的种类

生物质的种类	废弃物类	农业废弃物	麦秆等
		畜产废弃物	牛、猪等排泄物
		林业废弃物	间伐材等
		工业类	排水污泥等
		生活废弃物	厨房废弃物等
	栽培作物类	树木植物	树木
		草类植物	甘蔗、玉米等
		水生植物	水葫芦、浮萍等
		海藻类	海带、紫菜等
		微细藻类	小球藻等

表 15.2　　　　　　　　　　　　　　　　生物质能的转换方法

生物质能转换方法	物理转换(燃烧)(气体、固体燃料)	气体(蒸汽)
		用压缩成型等方法制成固体燃料(RDF)
	生物化学转换(气体、液体燃料)	利用发酵方法产生甲烷(沼气)，以及制成生物氢气等气体燃料
		利用发酵方法产生乙醇(酒精)
	热化学转换(气体、液体和固体燃料)	热解气化，水热气化，产生气体燃料
		制造甲醇、汽油、生物燃料等液体燃料
		碳化、半碳化等固体燃料

物理转换主要指直接燃烧,利用生物质或生物质与煤混合的燃料,通过燃烧锅炉中的水产生气体(如蒸汽)的方法。另外利用压缩成型和烘焙等技术还可制成固体燃料(RDF)等。

生物化学转换包括甲烷转换和乙醇转换。甲烷转换是有机物质在厌氧环境中,通过微生物发酵产生一种以甲烷为主要成分的可燃性混合气体的转换方法;乙醇转换是利用糖质、淀粉和纤维素等原料经发酵制成乙醇(酒精)的转换方法;除此之外,利用生物化学转换还可制成生物氢气等。

热化学转换是指在一定的温度的条件下,使生物质气化、碳化、热解等,将生物质转换成气体、液体以及固体形式的燃料。生物质进行气化可制成气体燃料和合成气体,气体燃料用于发电,合成气体用来制成甲醇、汽油、生物燃料(如燃料乙醇、生物柴油和航空生物燃料)等液体燃料;还可制成碳化、半碳化等固体燃料。

生物质气化是将生物质(如木材等原料)送入气化炉内,同时通入空气、氧气或水蒸气,通过加热产生品位较高的气体燃料,其气化率可达 70% 以上,热效率可达 85%,可提高利用效率、节约能源。生物质气化生成的气体燃料经过处理后可用于发电等。除此之外,在动物的排泄物中残留有大量的能量,可直接作为燃料利用,也可进行发酵产生甲烷进行利用。

15.2.3　生物质能的特点

生物质能有如下特点:

(1)蕴藏量巨大、分布广;

(2)可再生、低污染;

(3)资源能量密度低;

(4)生物质能具有碳中性;

(5)过度使用间伐材,可能造成森林破坏;

(6)使用玉米等作为燃料可能会引起粮食短缺等问题、

15.3　生物质能发电方式及特点

15.3.1　生物质能发电方式

生物质能可通过物理转换、生物化学转换以及热化学转换等技术获取。物理转换主要是指直接燃烧生物质产生气体燃料和固体燃料;生物化学转换是指利用发酵等生物化学反应产生生物气体和液体燃料等;而热化学转换是指利用热化学制成气体燃料、液体燃料和固体燃料等。

生物质能发电方式按照生物质能的转换方法分类,主要有直接燃烧发电、生物化学转换发电、热化学转换发电等。直接燃烧发电是将木材等生物质输送到焚烧炉中直接燃烧,使炉内的水产生蒸汽,汽轮机利用蒸汽做功并驱动发电机发电的方式;生物化学转换发电主要指利用甲烷发酵技术制成的甲烷进行发电的方式;热化学转换发电主要利用对生物质进行热解、气化等产生的气体燃料和液体燃料发电,常见的为气体燃料发电。根据燃料的不同、温度的高低、功率的大小，发电设备一般采用汽轮机、燃气轮机、燃气发动机以及燃料电池等。

15.3.2　生物质能发电的特点

生物质能发电的特点主要有：
(1)可充分利用当地生物质资源发电、实现自产自销；
(2)不需外运燃料和远距离输电，可节约发电成本；
(3)生物质能发电使用可再生能源，污染小、有利于环境保护；
(4)发电设备的装机容量一般较小，可作为分布式发电系统使用；
(5)生物质能的转换安全可靠、维修保养方便；
(6)但收集生物质资源有一定难度，成本较高。

15.4　生物质能发电系统

由于生物质能发电所需能源可通过生物质的直接燃烧、生物化学转换以及热化学转换等方法获取，因此根据生物质能转换方法的不同，可将生物质能发电系统分为直接燃烧发电系统、生物化学转换发电系统、热化学转换发电系统以及联合型发电系统等。

15.4.1　直接燃烧发电系统

直接燃烧发电是将木材等生物质输送到焚烧炉中直接燃烧，使炉内的水产生蒸汽，汽轮机利用蒸汽做功并驱动发电机发电。由于生物质燃料密度较低，其燃料效率和发热量都不如化石燃料，因此这种发电系统一般建在有大量的工业、农业、林业等废弃物需要处理的地方，采取将废弃物燃料与化石燃料混合燃烧的方式、回收热能再加热措施方式以及各种联合循环方式以提高热效率，增加发电出力。

图 15.2 所示为直接燃烧发电系统的构成。该系统主要由焚烧炉、过滤器、凝汽器、汽轮机、发电机等构成。其工作原理是：将木材、树皮等原料进行干燥、粉碎，然后通过焚烧炉燃烧，使炉内的水产生蒸汽，驱动汽轮机运转带动发电机发电。利用垃圾等废弃物

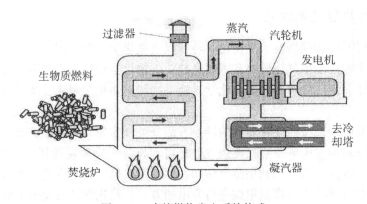

图 15.2　直接燃烧发电系统构成

发电一般采用这种发电方式。

直接燃烧发电由于使用木材等生物质，发热量较低。1kg 的木材燃烧所产生的热量约为 4500kcal。一般来说发电规模越大则发电效率越高，1MW 级发电站的发电效率为 10% 以下，10MW 级的发电效率为 15% 左右，所以在生物质资源较丰富的地方，应尽可能建造规模较大的发电站。

15.4.2 生物化学转换发电系统

生物化学转换有甲烷发酵和乙醇发酵两种方式，使用玉米、甘蔗等生物质中的糖质、淀粉，经乙醇发酵方式制成的乙醇燃料主要作为汽车的燃料；而生物化学转换发电系统主要利用甲烷发酵技术制成的甲烷进行发电。图 15.3 所示为甲烷发电的流程。首先收集家畜排泄物、排水污泥、食品业污泥等，然后将有机物分解成低分子脂肪酸等，使用甲烷生成菌在发酵罐中进行甲烷发酵产生甲烷，最后燃气轮机燃烧甲烷做功产生旋转的机械能，驱动发电机发电。发电所产生的热水可作为生活用水，而发酵后的液体可进行酸化处理后排放，固体可作为肥料使用。

图 15.4 所示为甲烷发电系统。该系统主要由发酵罐、燃气轮机、发电机、废热回收装置等组成。甲烷发电系统的原理是：厨房废弃物等生物质经发酵罐发酵产生甲烷，燃气轮机燃烧甲烷产生旋转的机械能，然后驱动发电机发电，并将电能送往用户或电网，发电后排出的废热经热交换器回收可再利用。

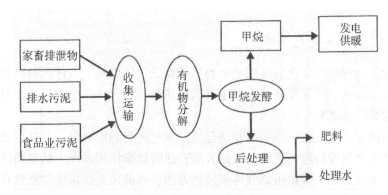

图 15.3 甲烷发电的流程

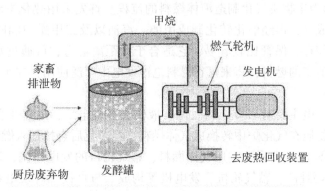

图 15.4 甲烷发电系统

图 15.5 所示为厨房废弃物发电系统，该系统对厨房废弃物进行甲烷发酵产生甲烷，将其作为发电的燃料使用。发电一般包括前期处理、甲烷发酵、甲烷发电、后处理 4 个过程。①在前期处理过程中，将厨房废弃物中的有机物以外的废弃物分离出来；②利用甲烷生成菌将厨房废弃物制成甲烷；③利用甲烷发电时，由于甲烷中含有微量硫化氢、氨气等杂质，需要利用酸化铁、活性炭等进行处理，然后供燃料电池、燃气轮机等使用；④由于甲烷发酵后的液体中含有高浓度的有机物，需要对发酵后的液体进行后处理，使其在空气中被氧化，并进行净化后排入河流。图 15.6 所示为生物质能发电站外观。

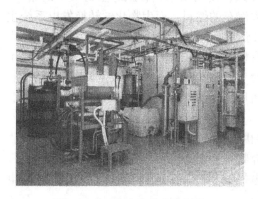

图 15.5　厨房废弃物发电系统　　　　图 15.6　生物质能发电站外观

15.4.3　热化学转换发电系统

利用气化、热解以及油化等方法将生物质转换成气体燃料、液体燃料以及固体燃料的方法称为热化学转换。热化学转换发电主要利用热解、气化等产生的气体燃料、液体燃料发电等，通常为气体燃料发电。

热化学转换方法有气化、热解以及油化等，气化是指利用空气、氧气以及水蒸气等催化剂将木材等生物质原料进行气化的制造方法；热解是指使用常压下的非惰性气体、如氮气等对干燥的木渣加热，获得可燃气体或油的方法；而油化是指将生物质放在高温高压的环境中获得油的方法。

图 15.7 所示为生物质气化制造液体燃料的流程。首先采用热化学转化的方法将生物质气化、制成合成气，再经催化转化制成甲醇、汽油以及二甲醚（DME）等。甲醇在常温下呈液体状态，储存、保管比较容易，它适合于远距离输送，可通过水蒸气改质制成氢气，作为燃料电池车的燃料，将来可在燃料电池发电中广泛使用，在实现氢能社会中发挥重要作用。

热化学转换发电主要有气体燃料发电、液体燃料发电等，这里主要介绍气体燃料发电，该发电指生物质在气化炉中转换成气体燃料，经净化后直接送入燃气轮机中燃烧，驱动发动机发电。图 15.8 所示为利用气体燃料、燃气轮机的发电系统，该系统主要由气化炉（用来产生气体燃料）、燃气轮机、发电机等构成。与直接燃烧发电系统不同，该发电系统通过气化炉将木屑等生物质进行气化转换成高品位的气体燃料，燃气轮机将气体燃料转换成旋转的机械能并驱动发电机发电。

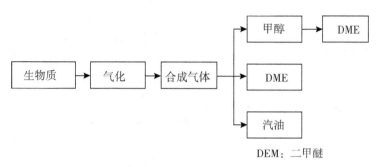

DEM：二甲醚

图 15.7　生物质气化制造液体燃料的流程

如果燃气轮机的排热温度较高，可重复利用该排热产生蒸汽，使汽轮机工作并驱动发电机发电。这种发电方式的特点是可同时使用燃气轮机和汽轮机，能源转换效率较高，气化率可达70%以上，热效率也可达85%，而且发电系统的结构比较紧凑，是一种联合型发电系统。

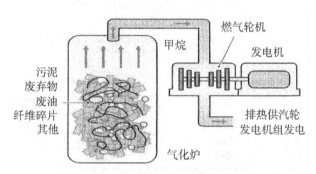

图 15.8　气体燃料发电系统

图 15.9 所示为气体燃料发电综合系统。在气化炉中生物质在高温高压的作用下进行热解，产生可燃性气体和合成气体，燃气使锅炉产生蒸汽，推动汽轮机运转，驱动发电机发电。除此之外，可燃性气体也可供燃气轮发电机组、燃气发动机发电机组等发电，发电时所产生的热能(如图中虚线所示)也可进行再利用。该发电系统既可发电又可产生热能，可实现热电联产，提高生物质能的利用率。有关热电联产的详细内容可参考第 17 章"热电联产系统"的有关章节。

15.4.4　联合型发电系统

图 15.10 所示为联合型发电系统。该系统主要由燃气轮机和汽轮机构成。燃气轮机所使用的燃气来源于煤气等，发电后的排热温度可达 450~500℃。汽轮机所使用的蒸汽来自两方面，一方面来自燃气轮机发电后的排热，另一方面来自焚烧炉燃烧可燃性废弃物所产生的蒸汽，蒸汽温度可达约 250℃。由于汽轮发电机组可同时利用这两种蒸汽，因此可将

发电效率由 25%～27%提高到 35%左右，使汽轮发电机组的发电效率和输出功率增加。

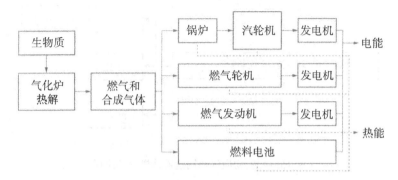

图 15.9　气体燃料发电综合系统

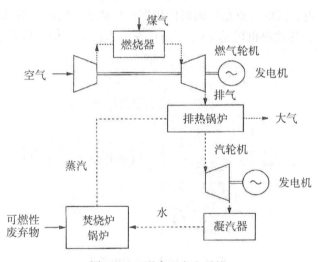

图 15.10　联合型发电系统

15.5　生物质能发电应用

图 15.11 所示为利用生物质能的燃料电池发电系统，该发电系统利用厨房废弃物所产生的甲烷发电。一般来说，1t 厨房废弃物可产生约 240Nm³（ Nm³ 指在 0 摄氏度、1 个标准大气压下的气体体积）的甲烷，供燃料电池使用可产生约 520kW 的电能。除了利用厨房废弃物的甲烷发电之外，还可利用啤酒厂的废液、家畜的废弃物、排水污泥（如水处理厂）等所产生的甲烷供燃料电池等发电。

图 15.12 所示为木质生物质能发电站，该电站主要由锅炉、汽轮机、发电机等构成。它采用直接燃烧木质生物质的方式，最大出力为 3000kW，每小时可产生约 24t 的蒸汽，木质生物质主要来源于木船制造公司、木材加工公司等。该发电站使用锅炉对木质生物质进行直接燃烧，能源利用效率不太高，但该发电站建造在木质废料资源较丰富的地方，具

有大量处理木质废料的能力，发电成本较低。

图 15.11 燃料电池发电系统

图 15.12 木质生物质能发电站

城市垃圾处理是一个世界性难题，垃圾发电可实现垃圾处理的减量化、无害化、资源化，不仅可以解决垃圾处理问题，还可回收利用垃圾中的资源。垃圾发电包括垃圾焚烧发电和垃圾气化发电两种，垃圾焚烧发电利用垃圾在焚烧锅炉中燃烧释放的热量，将水加热获取蒸汽，推动汽轮机旋转，带动发电机发电。垃圾气化发电利用在 450~640℃ 温度下垃圾被气化所产生的气化燃料发电。图 15.13 所示为废弃物发电站，图 15.14 所示为废弃物发电站外形。

图 15.13 废弃物发电站

图 15.14 废弃物发电站外形

生物质能发电除了上述发电方式之外还有利用下水道淤泥进行发电。该发电是在无氧条件下将干燥的淤泥加热到 450℃ 左右，使 50% 的淤泥气化，并与水蒸气混合转变为饱和碳氢化合物，作为燃料供发电、锅炉等使用。

在乡村、中小城镇等地有大量、可持续、可利用的生物质资源，对于这些地方来说，合理、高效地利用生物质资源，对于发展经济、改善环境、增加就业非常重要。将来可在这些地方构建生物质能利用系统，即构建地方性的生物质收集、运输、转换、热电利用系统等，促进地方经济、环境和社会的协调发展，实现低碳、可循环、可持续的社会。

第 16 章　氢 能 发 电

氢元素是自然界常见的元素之一，它具有资源丰富、发热值高、对环境友好、利用形式多样、容易储存等特点，是一种优质、清洁的能源，可作为燃料电池(fuel cell, FC)、氢燃气轮机发电(hydrogen gas turbine power generation)等的发电燃料。未来氢能将替代现在大量使用的天然气等化石燃料，成为家庭、公共设施、工商业等的重要能源，氢能发电指燃料电池、微型氢燃气轮机等利用氢能发电。燃料电池发电(fuel cell power generation)是一种利用氢气与氧气进行电化学反应直接产生电能、热能的发电系统，具有清洁无污染、综合效率高、无噪声、使用维修方便等特点。它可作为分布式电源、家用电源、楼宇用电源、汽车用电源，热电联产设备等，可在未来的智能微电网、智能城市中发挥重要作用。微型氢燃气轮机发电可在家庭、公共设施、工商业等领域使用，提供清洁的电能和热能。

本章主要介绍氢能、燃料电池和氢燃气轮机发电的构成、特点、种类、发电原理、发电特性、应用以及制氢与储存等。

16.1　氢能

在现代社会中，人们所使用的能源主要是石油、天然气、煤炭等化石燃料，由于这些燃料的开采量有限，且大量使用会对地球环境造成破坏，因此需要寻求新的替代能源。氢在常温常压下为气态，在超低温高压下为液态或固态，具有资源丰富、能量密度大、清洁无污染、储存容易、可直接用于发电、转换效率高、可利用可再生能源制氢、利用形式多样等特点，将来可望作为新的替代能源。

由于氢能有许多优点，它已在工业、农业、民用等许多领域得到了广泛的应用，如燃料电池发电、氢燃气轮机发电、储能、汽车电源等。氢能发电可作为分布式电源，为家庭、公共设施、工商业以及移动通信设备供电，还可实现热电联产为家庭等提供电能和热水。由于氢能是一种非常理想的替代能源，可以预料，21 世纪人类将进入氢时代。

16.2　燃料电池

燃料电池发电利用氢气和空气中的氧气进行电化学反应，将燃料所具有的化学能直接转换成电能和热能，与火力发电等相比，能量转换次数少、损失小、转换效率高。它是继水力发电、火力发电和核能发电之后的第四代发电技术。

16.2.1 燃料电池的种类及应用领域

燃料电池根据所使用的燃料的不同,可分为氢燃料电池、甲烷燃料电池、甲醇燃料电池以及乙醇燃料电池等种类,这里主要介绍氢燃料电池。此外燃料电池根据所使用的电解质的种类不同,可分为磷酸型(PAFC)、熔融碳酸盐型(MCFC)、固体氧化物型(SOFC)、质子交换膜型(PEFC)、碱性电解质型(AFC)以及直接甲醇型(DMFC)等。其中磷酸型燃料电池主要用于分布式发电和特殊要求等方面,熔融碳酸盐型燃料电池主要用于分布式发电和区域供电等方面,固体氧化物型燃料电池主要用于分布式发电和辅助用电等方面,质子交换膜型燃料电池主要用于分布式发电、交通工具和移动电源等方面,碱性电解质型燃料电池主要用于航天、潜艇、特殊地面应用等方面。

燃料电池发电可利用天然气及生物燃料等多种燃料、容量小、发电效率高,可同时利用热、电,排热可用于空调和供热等,能源利用效率高。发电时无噪声、无振动,非常安静,清洁无有害物排放,非常适合在城市使用,有利于建设环境友好型社会。

燃料电池发电可用于分布式发电系统,为家庭、公共设施、工商业等提供电能。也可作为应急电源使用,解决停电、安全用电等问题。还可与燃气轮机发电等构成联合发电,提高燃料的综合利用率等。目前燃料电池在发电、电动车、移动设备等领域已得到广泛的应用。

16.2.2 燃料电池的基本构成

燃料电池主要由电极、电解质膜与双极板(又称隔板)等构成。电极分为阳极和阴极,是燃料发生氧化反应与氧化剂发生还原反应的电化学反应场所;电解质膜的主要功能是分隔氧化剂与还原剂,并传导离子;双极板具有收集电流、分隔氧化剂与还原剂、疏导反应气体等功能。燃料电池单体可分为平板型燃料电池单体和圆筒型燃料电池单体。燃料电池堆由多枚燃料电池单体构成,以满足发电功率的需要。

1. 燃料电池单体

图16.1所示为磷酸型燃料电池单体,它由燃料电极、电解质膜(使用磷酸水溶液)、空气电极以及双极板等构成。燃料电极(又称阴极、负极)用来供给氢气,空气电极(又称阳极或正极)用来供给空气(即氧化剂)。电极是燃料发生氧化反应与空气发生还原反应的电化学反应场所,其性能好坏与催化剂性能、电极材料以及结构等有关。该电池的电极为多孔结构,可增加参与反应的电极表面积、提高燃料电池的工作电流密度、降低极化作用,电极一般使用带有白金催化剂的碳材料。

电解质膜具有隔离空气与还原剂并传导离子的功能,其厚度为数十毫米至数百毫米,膜材料有磷酸、质子交换膜等。双极板是一种用来形成燃料气体、空气的通道、使燃料气体和空气之间分离以及起各燃料电池单体间电气串联的作用。燃料电池单体有平板型和圆筒型两种类型,图16.1所示为平板型燃料电池单体,图16.2所示为圆筒型燃料电池单体。固体氧化物型燃料电池采用圆筒型结构,其内部为空气通道,外部为燃料通道。

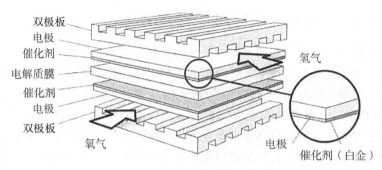

图 16.1 磷酸型燃料电池单体

2. 燃料电池堆

燃料电池单体的电压一般为 1.06~1.33V，在实际应用中为了满足负载对电压、功率的需要，一般将多个燃料电池单体进行串联、叠加组合，将双极板与电极交替叠合，各燃料电池单体之间嵌入密封件，将前、后端板压紧后用螺杆紧固拴牢构成燃料电池堆，如图16.3 所示。图中的双极板用来收集电流、隔离空气与还原剂、疏导反应气体等。

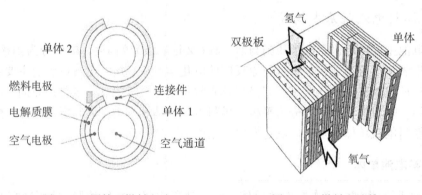

图 16.2 圆筒型燃料电池   图 16.3 燃料电池堆

燃料电池堆是动力系统的核心部分，是电化学反应的场所，工作时氢气和氧气分别流入进口，经电池堆主通道分配至各燃料电池单体的双极板，再经双极板导流均匀分配至各电极进行电化学反应。

16.3 燃料电池的发电特性

燃料电池的理论转换效率的高低、理论电动势的大小以及燃料电池的电压-电流等特性对燃料电池发电系统的设计、应用等非常重要。这里简要介绍燃料电池的发电特性，有关燃料电池发电理论等可参考本书第 2 章第 2.5 节"燃料电池发电"的有关内容。

1. 燃料电池的理论转换效率

以氢作为燃料的燃料电池的理论效率可根据供给能量、转换的电能由下式计算。

$$\eta = \frac{\Delta G}{\Delta H} = \frac{237.13 \times 10^3}{285.83 \times 10^3} = 82.96\% \tag{16.1}$$

式中，ΔG 为燃料电池电化学反应的标准生成吉布斯自由能(Gibbs free energy)变化(kJ/mol)，即可转换成电能的能量。其值为237.13kJ/mol；ΔH 为燃料电池电化学反应的标准生成焓变化(kJ/mol)，即燃料电池的供给能量。氢与氧反应时其值为285.83kJ/mol。

燃料电池使用不同燃料时，在标准状态下的理论电动势和理论效率是不同的，如表16.1所示。由该表可知，使用氢的燃料电池的理论效率为83%，这是燃料电池作为高效电能转换装置被广泛使用的原因之一。

表16.1　　　　　　　标准状态下不同燃料的理论电动势和理论效率

燃料	$-\Delta H$	$-\Delta G$	理论电动势(V)	理论效率(%)
氢	286	237	1.23	83
甲烷	890	817	1.06	92
一氧化碳	283	257	1.33	91
甲醇	727	703	1.21	97

2. 燃料电池的理论电动势

燃料电池的理论电动势可用下式表示。

$$E_0 = \frac{\Delta G}{\Delta(nF)} = \frac{237.13 \times 10^3}{2 \times 96485} = 1.23V \tag{16.2}$$

式中，F 为法拉第常数，一般为96485C/mol；n 为每1克分子燃料反应时参与的电子的克分子数($n=2$)。使用其他燃料的燃料电池的理论电动势如表16.1所示。一般来说，燃料电池的理论电动势、理论效率与温度有关，随着温度的上升，燃料电池的理论电动势、理论效率都会下降。

3. 燃料电池的电压-电流特性

燃料电池的电压-电流特性用来描述输出电压与输出电流之间的关系。该特性与材料的电阻(即电阻极化 V_o)、电极进行反应时必要的活性能量的补给(即活性极化 V_a)、电极的气体供给、排出的速度(即气体浓度极化 V_c)等因素有关。电阻极化随电流密度 I 的增加而增加。活性极化在电流密度较小的范围内急增，之后随电流密度的增加而增加。气体浓度极化在电流密度较小时非常小，但随着电流密度的增加而增加，电流密度接近最大时急增。

燃料电池单体的实际输出电压 V 可用下式表示。

$$V = E_0 - V_o - V_a - V_c \qquad (16.3)$$

式中，E_0 为理论电动势；V_o 为电阻极化，是由电解质引起的损失；V_a 为活性极化，是由空气电极引起的损失；V_c 为气体浓度极化，是由燃料电极引起的损失。由式可见，燃料电池单体的实际输出电压要小于理论电动势。

16.4 燃料电池发电的特点

燃料电池发电有诸多特点：

(1)使用燃料多种多样，可使用天然气、生物燃料、甲醇等；

(2)给燃料电池不断供给燃料和空气，可产生稳定的电能；

(3)可用于家庭、公共设施、工商业等分布式发电，实现热电联产；

(4)燃料电池可产生电能和热能，发电效率和能源利用率较高；

(5)燃料电池容量小、损失少、噪声低、振动小，适合在城区运行；

(6)结构紧凑、安装容易、安装工期短；

(7)运行稳定、可靠、安全；

(8)燃料电池发电时几乎不排放二氧化碳等有害气体，不会对环境造成不良影响。

16.5 各种燃料电池的构成和发电原理

根据所使用的电解质的不同，燃料电池主要有磷酸型、熔融碳酸盐型、固体氧化物型、质子交换膜型、碱性电解质型以及直接甲醇型等种类。其中磷酸型燃料电池、熔融碳酸盐型燃料电池、固体氧化物型燃料电池、质子交换膜型燃料电池均可用于分布式发电系统发电。而质子交换膜型燃料电池由于工作温度低、使用方便，在分布式发电、电动车及热电联产等领域已得到广泛应用。

16.5.1 磷酸型燃料电池

1. 磷酸型燃料电池的构成

磷酸型燃料电池如 16.2.2 节的图 16.1 所示，由燃料电极、空气电极、电解质膜以及双极板等构成。在电解质膜的两侧配置有燃料电极和空气电极。为了使电化学反应高效进行，电极由多孔质材料制成，一般涂有白金(Pt)催化剂材料，由带白金等贵金属粒子的催化剂、气体可透性催化剂层以及起支撑作用的多孔质碳支撑层构成。各燃料电池单体之间的双极板使用了既能隔离气体又具有电子传导性能的碳板。

磷酸型燃料电池所使用的电解质为浓磷酸水溶液(H_3PO_4)，它被放在厚度为 $0.1 \sim 0.2mm$ 的碳酸硅等多孔质板内，经白金催化剂层夹在燃料电极和空气电极之间。工作温度为 $180 \sim 200℃$，具有良好的氢离子导电性能，是一种比较稳定的化学物质，且价格比较便宜。

2. 磷酸型燃料电池的发电原理

图 16.4 所示为磷酸型燃料电池发电原理。在燃料电池的燃料电极和空气电极分别充满电解液,在两电极间则为具有渗透性的薄膜,氢气由燃料电极进入燃料电池,空气由空气电极进入燃料电池。

进入燃料电极的氢气(H_2)在催化剂的作用下产生电离,燃料电极的氢原子分解成氢质子(H^+)(或称氢离子)和电子(e^-),其中,氢离子在氧气的作用下向电解质内移动,而电子经由外部电路形成电流后到达空气电极,在空气电极催化剂的作用下,空气中的氧分子(O_2)与来自电解质(即磷酸水溶液)的氢离子和经外部电路到达的电子发生反应生成水(H_2O)。通常供给氢气的燃料电极称为负极,供给空气的空气电极称为正极,如果在由两电极构成的外部电路上接上负载,则产生电流,同时获得热水。磷酸型燃料电池的燃料电极和空气电极进行电化学反应时可分别用下式表示。

燃料电极: $$H_2 \longrightarrow 2H^+ + 2e^- \tag{16.4}$$

空气电极: $$2H^+ + \frac{1}{2}O_2 + 2e^- \longrightarrow H_2O \tag{16.5}$$

总反应: $$H_2 + \frac{1}{2}O_2 \longrightarrow H_2O \tag{16.6}$$

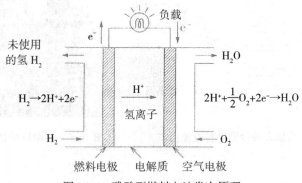

图 16.4 磷酸型燃料电池发电原理

3. 磷酸型燃料电池的特点

磷酸型燃料电池的特点主要有:
(1)使用含有二氧化碳的燃料时不会对电解质造成影响;
(2)工作温度为 200℃ 左右,由于工作温度稍高,结构比较复杂;
(3)燃料电池可使用水进行冷却;
(4)燃料电池运行安全可靠,可在工厂、楼宇中使用。

4. 磷酸型燃料电池的应用

磷酸型燃料电池一般为大型发电系统,工作温度较高、耐久性好、寿命长,可作为工厂、医院、旅馆等商业设施的电源使用；由于燃料电池可进行水冷却，因此可以利用回收电化学反应时所产生的蒸汽、热水；可与余热发电设备进行组合应用，充分利用燃料电池发电的排热，提高效率；可利用甲烷等生物质气体发电；可作为高性能应急电源使用，如在电力系统停电时可迅速启动供电，该燃料电池也可用于分布式发电系统发电。

16.5.2 熔融碳酸盐型燃料电池

1. 熔融碳酸盐型燃料电池的构成

熔融碳酸盐型燃料电池(molten carbonate fuel cell，MCFC)是第二代燃料电池，其构成与磷酸型燃料电池基本相同，如图 16.5 所示。它由燃料电极、空气电极以及被夹在二者之间的电解质膜等构成。电解质为熔融碳酸盐，在电解质中移动的离子为碳酸离子 CO_3^{2-}。电极使用镍 Ni 和氧化镍 NiO 多孔体，由于工作温度较高，约为 650℃，反应速度较快，因此不需要催化剂。如果为了满足高出力的需要，同样可采用叠加方式构成燃料电池堆，图 16.6 所示为熔融碳酸盐型燃料电池堆。

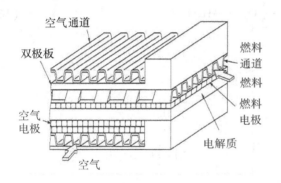

图 16.5 熔融碳酸盐型燃料电池构成

图 16.6 熔融碳酸盐型燃料电池堆

2. 熔融碳酸盐型燃料电池的发电原理

熔融碳酸盐型燃料电池发电时，燃料电极供给氢、一氧化碳等燃料，空气电极供给空气。在空气电极，空气、二氧化碳与从外部电路流入的电子形成碳酸离子并在电解质中移动，然后与燃料电极供给的氢进行反应生成二氧化碳和水蒸气，同时外部电路流过电流。在该燃料电池中，二氧化碳和碳酸离子在反应中起非常重要的作用，其反应式如下。

燃料电极 $\qquad 2H_2 + 2CO_3^{2-} \longrightarrow 2CO_2 + 2H_2O + 4e^-$ (16.7)

空气电极 $\qquad O_2 + 2CO_2 + 4e^- \longrightarrow 2CO_3^{2-}$ (16.8)

3. 熔融碳酸盐型燃料电池的特点

熔融碳酸盐型燃料电池的主要特点有：

(1)由于工作温度较高，反应速度较快，因此不需要贵重的催化剂；

(2)燃料中含有的一氧化碳不影响电池的正常工作；

(3)使用天然气或甲烷时，可通过内部重整器(又称改质器)进行重整(又称改质)，装置结构简单；

(4)发电转换效率较高，排热可作为汽轮机或燃气轮机的热源；

(5)可在大型发电站或分布式发电系统中使用。

4. 熔融碳酸盐型燃料电池的应用

由于熔融碳酸盐型燃料电池可使用氢、含有一氧化碳较多的煤气等作为燃料，因此可用于大容量发电，替代大型火力发电；该燃料电池与汽轮机、燃气轮机组合发电，发电效率达 50%~65%；与余热发电机配合使用，可作为分布式电源使用；也可作为工作时间长、效率高的发电设备使用。

16.5.3 固体氧化物型燃料电池

1. 固体氧化物型燃料电池的构成

固体氧化物型燃料电池(solid oxide fuel cell，SOFC)是第三代燃料电池，有圆筒型、平板型以及组合型等结构。各燃料电池单体之间可通过连接件连接，以满足负载的电压、功率的需要。

图 16.7 所示为固体氧化物型燃料电池的构成，它由电解质膜、在电解质两侧分别配置燃料电极和空气电极组成。电解质膜使用具有离子导电性能、以陶瓷材料为主的固体材料，采用氧化钇稳定氧化锆 YSZ，在约 1000℃ 的高温时氧离子容易通过。空气电极为中空圆筒形结构，供给的空气在圆筒内侧流动。外侧为燃料电极，采用镍 Ni 与氧化钇稳定氧化锆 YSZ 复合多孔体构成的金属陶瓷，可使用氢、一氧化碳、甲烷等作为燃料。

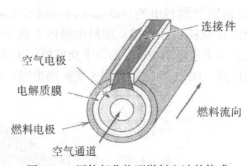

图 16.7 固体氧化物型燃料电池的构成

2. 固体氧化物型燃料电池的发电原理

固体氧化物型燃料电池发电时，在燃料电极供给氢、一氧化碳等燃料，在空气电极供给空气。在燃料电极，氢离子与从空气电极经电解质膜移动来的氧离子进行电化学反应生成水并释放电子，电子流向外部电路并在空气电极与空气反应成为氧离子。在电化学反应过程中氧离子在电解质中移动。燃料电池的工作温度为700~1000℃，由于在高温状态反应速度较快，因此不需要催化剂。其反应式如下。

燃料电极　　　　　　　　　　$H_2 + O^{2-} \longrightarrow H_2O + 2e^-$　　　　　　　　　　（16.9）

空气电极　　　　　　　　　　$\dfrac{1}{2}O_2 + 2e^- \longrightarrow O^{2-}$　　　　　　　　　　（16.10）

3. 固体氧化物型燃料电池的特点

固体氧化物型燃料电池的特点有：

（1）电解质所使用的材料为氧化物，形状可自由选择，燃料电池单体为圆筒型、平板型或组合型结构，圆筒型结构可避免应力集中问题；

（2）可利用天然气、氢、一氧化碳等作为燃料；

（3）不需对甲烷进行重整，可直接利用其发电；

（4）由于工作温度较高，电化学反应较快，无须使用贵金属催化剂；

（5）转换效率高；

（6）可利用该燃料电池的排热，可与燃气轮机构成高效率发电系统。

4. 固体氧化物型燃料电池的应用

可用氢、一氧化碳等作为燃料，发电效率高，比较适合家庭、小型店铺、商用楼宇、工厂等发电；可在分布式发电系统中使用；可与燃气轮机构成组合发电系统，实现节能、高效率发电。

16.5.4　质子交换膜型燃料电池

1. 质子交换膜型燃料电池的构成

图16.8所示的质子交换膜型燃料电池（polymer electrolyte fuel cell，PEFC）由空气电极、燃料电极、电解质膜以及双极板等构成。燃料电极用来供给纯氢或经重整的气体燃料，空气电极则供给空气。采用膜厚约$50\mu m$的质子交换膜，该膜可降低电阻、氢离子传导性能高、对电子的绝缘性好。图16.9所示为质子交换膜型燃料电池单体。

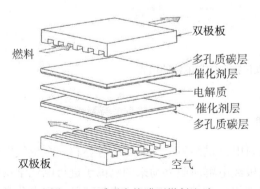

图16.8　质子交换膜型燃料电池

图16.9　质子交换膜型燃料电池单体

2. 质子交换膜型燃料电池的发电原理

质子交换膜型燃料电池发电时，在燃料电极供给氢气 H_2 并进行反应$(2H^+ + 2e^-)$，电子流向外部电路，H^+ 通过电解质膜移至空气电极。在空气电极，外部供给的氧气 O_2 与来自电解质膜的 H^+ 和由燃料电极流入的电子反应后得到水 H_2O。如果在燃料电池的外部接上负载则产生电流。质子交换膜型燃料电池的反应式如下。

燃料电极 $$H_2 \longrightarrow 2H^+ + 2e^- \tag{16.11}$$

空气电极 $$\frac{1}{2}O_2 + 2e^- + 2H^+ \longrightarrow H_2O \tag{16.12}$$

3. 质子交换膜型燃料电池的特点

质子交换膜型燃料电池具有如下的特点：
(1) 工作温度较低，为 $70 \sim 90℃$；
(2) 可常温启动，且启动时间短；
(3) 可低温工作，适用于燃料电池车、家庭电源等；
(4) 可利用热水和蒸汽，效率可达 80% 以上；
(5) 出力密度较高、成本低；
(6) 无电解质泄漏问题，运行维护方便。

4. 质子交换膜型燃料电池的应用

由于该燃料电池可低温工作、启动时间短、发电效率高、出力大、小型轻便、结构紧凑，可使用氢、甲醇、汽油等多种燃料，因此可用于可移动式电源、可搬动电源、混合电动车电源等；可作为电动车的驱动电源、分布式电源、小型家庭用电源以及宇宙飞船的电源等。

16.5.5 碱性电解质型燃料电池

1. 碱性电解质型燃料电池的构成

碱性电解质型燃料电池(alkaline fuel cell，AFC)是一种使用氢氧化钾(KOH)等碱性水溶液电解质的燃料电池。碱性电解质型燃料电池主要由燃料电极、空气电极以及电解质膜等组成，电极的催化剂采用镍或银的化合物。

2. 碱性电解质型燃料电池的发电原理

碱性电解质型燃料电池发电时，在燃料电极，氢与从电解质移动来的氢氧离子反应生成水并释放出电子。在空气电极，氧气与水等反应生成氢氧离子。电解质为水溶液，工作温度比较低，为 $60 \sim 90℃$，导电离子为氢氧离子，经电解质向燃料电极移动。燃料电池的反应式为

燃料电极 $$H_2 + 2OH^- \longrightarrow 2H_2O + 2e^- \tag{16.13}$$

空气电极
$$\frac{1}{2}O_2 + 2e^- + H_2O \longrightarrow 2OH^-$$
(16.14)

3. 碱电解质型燃料电池的特点

碱电解质型燃料电池的特点主要有：

(1)电极的催化剂除了可使用白金以外，也可使用镍、银等材料；

(2)氧气的还原能力较强，在常温下发电性能也比较好；

(3)工作温度较低，可使用价格较低的材料。

16.5.6　直接甲醇型燃料电池

直接甲醇型燃料电池采用质子交换膜，电极的催化剂采用白金类材料，可直接使用甲醇发电，不需要重整等中间转化装置，因而系统简单、体积能量密度高、可降低成本。该燃料电池具有起动时间短、负载响应特性好、运行可靠性高、工作温度范围广、燃料补充方便等优点。可用于便携式移动电源、固定式发电系统以及电动车动力电源等。

1. 直接甲醇型燃料电池的构成

直接甲醇型燃料电池(direct methanol fuel cell，DMFC)是一种直接使用甲醇(CH_3OH)的燃料电池。图16.10所示为直接甲醇型燃料电池的构成。它可分为被动型和主动型两种，被动型的出力较低，结构简单，可用于便携式移动电子装置等；而主动型可使用超小型泵散热，出力较高，电池使用时间较长。

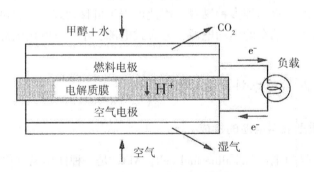

图 16.10　直接甲醇型燃料电池构成

2. 直接甲醇型燃料电池的发电原理

在直接甲醇型燃料电池中，电解质采用离子交换膜，在燃料电极甲醇与水直接反应生成二氧化碳和氢离子，释放出的电子经外部电路流向空气电极。氢离子则通过电解质向空气电极移动。在空气电极，空气与从电解质移动来的氢离子以及通过外部电路流入的电子进行反应生成水。工作温度比较低，为60~100℃。燃料电池的反应式如下。

燃料电极
$$CH_3OH + H_2O \longrightarrow CO_2 + 6H^+ + 6e^-$$
(16.15)

空气电极	$6H^+ + \dfrac{3}{2}O_2 + 6e^- \longrightarrow 3H_2O$	(16.16)
总反应	$CH_3OH + \dfrac{1}{2}O_2 \longrightarrow 2H_2O + CO_2$	(16.17)

3. 直接甲醇型燃料电池的特点

直接甲醇型燃料电池的特点主要有：
(1)可直接利用甲醇，不需要重整器等中间转化装置；
(2)结构简单，小型、重量轻；
(3)工作温度范围较大；
(4)燃料补充方便。

16.6　燃料电池发电系统

16.6.1　燃料电池发电系统的构成

图16.11所示为燃料电池发电系统的构成，该系统主要有燃料处理装置、空气供给装置、燃料电池本体、电力转换装置、排热回收装置以及控制装置等。燃料电池的燃料一般使用氢能，使用其他燃料时需要经重整器重整后使用。为了使出力增加，燃料电池本体由燃料电池单体串联叠加构成，由于出力为直流，需要使用逆变器将直流转换成交流供负载使用。

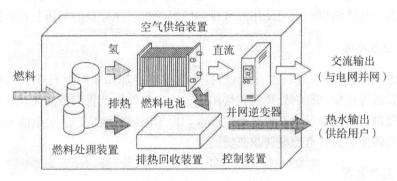

图16.11　燃料电池发电系统

1. 燃料处理装置

一般来说，燃料电池使用的燃料有化石燃料、可再生能源等。对于天然气、液化天然气LPG、甲醇、煤炭、煤油以及汽油等化石燃料，需要使用燃料处理装置将其转换成氢能使用。在燃料处理装置中有燃料重整器，对天然气等气体碳氢化合物，石油、甲醇等液体燃料，需要使用重整器通过水蒸气重整等方法对燃料进行重整；而用煤炭作为燃料时，则要通过煤气化炉将煤炭转换为氢和一氧化碳气体燃料。以天然气为例，重整的目的是从天然气中提取氢、脱硫(除去有机硫磺)以及除去一氧化碳。

使用碳化氢(指一类有机化合物，其中含有碳、氢元素)类的燃料制氢有三种方式，即部分氧化法、水蒸气重整法以及由二者构成的复合法。部分氧化法是利用煤炭气化技术，使燃料在氧气不足的状态下进行反应的方法。水蒸气重整法是指工业上常用的氢制造方法，水蒸气重整反应可在700~800℃的温度下利用催化剂进行。

图16.12所示为水蒸气重整反应制氢过程。燃料中有硫磺化合物时，为了防止其对重整反应用催化剂(如镍类)的影响，需要使用脱硫器将其清除掉。另外，在低温型的燃料电池中，由于一氧化碳CO的作用，会降低催化剂的性能，因此需要降低生成的氢混合气体中的一氧化碳浓度。质子交换膜型燃料电池需要使用一氧化碳排出器，将一氧化碳浓度降至数ppm(指百万分比浓度)以下。

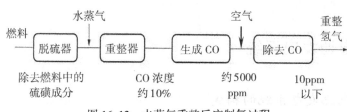

图16.12　水蒸气重整反应制氢过程

2. 空气供给装置

空气供给装置为燃料电池提供电化学反应所需的空气(纯氧)。该装置可用马达驱动的送风机或者空气压缩机，也可使用回收排热的涡轮机或压缩机的加压装置输送空气。

3. 燃料电池本体

燃料电池本体(又称发电装置)是由燃料电池单体叠加而成的燃料堆。燃料堆与燃料管道和空气管道等连接。燃料处理装置提供氢气，空气处理装置供给空气，燃料电池本体利用氢与空气进行电化学反应发电并产生热水。由于燃料电池所产生的电能为直流电，因此需利用电力转换装置将直流电转换成交流电。

4. 排热回收装置

在燃料电池发电的过程中，未被利用的排热需要利用排热回收装置进行处理、回收并进行有效利用。图16.13所示为排热回收装置的构成。排热回收装置用来对燃料电池进行冷却，对发电装置以及重整器的排热进行回收。对低温型燃料电池，排热回收装置回收的排热可作为热电联产的热水、蒸汽的热源。而高温型燃料电池，则可与燃气轮发电机组合进行发电。另外，还可以回收燃料电池反应后残留的氢气供加热器使用。

5. 控制装置

控制装置主要由计算机及各种测量和控制执行机构组成，用来对燃料电池的出力、燃料量、空气量以及排热量等进行自动控制，使系统在最优、安全、可靠的状态下工作。除

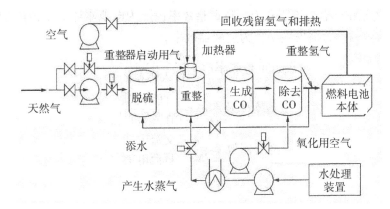

图 16.13 排热回收装置的构成

此之外，控制装置还对燃料电池的启动、停止、实时监测和工况调节、远距离数据传输、动态特性等进行控制，以保证系统正常工作。

在燃料电池启动的过程中，燃料处理装置和电池本体需要一定的升温时间，除了使用纯氢的燃料电池发电系统以外，其他的燃料电池发电系统都需要一定的启动时间。另外，为了应对负载急变的情况，需要对燃料处理装置的流量、催化剂层温度进行最优控制。

6. 并网逆变器

图 16.14 所示为并网逆变器的构成。它主要由整流器、逆变器、系统并网保护装置等构成。由于燃料电池产生的电能是直流电，需要利用逆变器(即功率转换装置)将直流电转换成交流电。除此之外，它还具有维持系统电压和频率、抑制谐波、确保电能品质、安全性、控制发电出力以及与电网并网的功能，并在系统异常时迅速停机或离网运行。

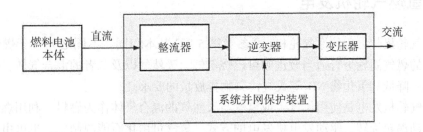

图 16.14 并网逆变器的构成

16.6.2 燃料电池发电系统的综合效率

燃料电池发电系统的综合效率与燃料重整效率、电池本体效率、附属装置的效率以及逆变器效率等有关，可用下式表示。

$$\eta_s = \eta_f \times \eta_{fc} \times \eta_l \times \eta_{inv} \qquad (16.18)$$

其中，η_s 为系统综合效率；η_f 为燃料重整效率；η_{fc} 为电池本体效率；η_l 为附属装置的效率(即附属装置的动力损失)；η_{inv} 为逆变器效率。

$$燃料重整效率 \eta_f = \frac{消费氢的能量}{投入燃料能量} \tag{16.19}$$

$$电池本体效率 \eta_{fc} = \frac{直流电能}{消费氢能量} \tag{16.20}$$

$$逆变器效率 \eta_{inv} = \frac{交流电能}{直流电能} \tag{16.21}$$

16.6.3　排热利用

燃料电池发电系统的排热包括燃料电池本体排热和重整器燃烧排热等。排热利用方法根据燃料电池的工作温度不同而有所不同，质子交换膜型燃料电池的工作温度为 60~80℃，可为洗浴间、厨房提供热水；磷酸型燃料电池的工作温度为 190~200℃，可提供热水、蒸汽；熔融碳酸盐型燃料电池的工作温度为 600~700℃，固体氧化物型燃料电池的工作温度为 800~1000℃，这两种燃料电池的排热可用于热电联产，也可将高温排热用于由燃料电池和燃气轮机发电构成的高效联合发电系统发电。

16.6.4　燃料电池发电系统的工作原理

燃料电池发电系统工作时，在控制装置的控制下，燃料处理装置将天然气、液化天然气LPG、甲醇等燃料制成氢能；燃料电池发电装置将氢与空气进行电化学反应产生直流电能和热水，发出的直流电通过电力转换装置转换成交流电，供交流负载使用或接入电网；排热回收装置回收燃料处理装置的排热和燃料电池的排热，通过排热利用系统为家庭、公共设施等用户提供热能。

16.7　氢燃气轮机发电

氢燃气轮机与常用的燃气轮机(可参考第 5 章)基本相同，不同之处在于燃烧器，将燃气轮机的燃气涡轮进行适当改进则可燃烧氢气、天然气以及二者的混合气体，但需满足燃烧稳定、降低氮氧化物 NO_x 等大气污染物排放量的要求。

氢燃气轮机发电是使用氢气、或氢气与天然气的混合气体作为燃料，利用燃烧所产生的气体推动涡轮旋转，驱动发电机发电的方式。氢气可由化石能源制成，也可由可再生能源制成。该发电系统可实现热电联产，也可在区域能源系统中使用。

16.7.1　发电能源、氢能和电能的关系

发电能源、氢能和电能之间存在着密切的关系。太阳能、风能、水能以及生物质能等可再生能源和天然气等化石能源这两种能源均可用于发电。这两种能源也可用来制氢，因此氢能发电可使用由化石能源和可再生能源制成的氢能，通过燃料电池发电或氢燃气轮机发电。由于电能和氢能之间可相互转换，因此氢能发电可解决可再生能源发电产生的多余

电能问题，提高电力系统的供电质量，实现稳定可靠的供电目标。

16.7.2　氢燃气轮机发电

氢气的燃烧速度是天然气的约 7 倍，且燃烧温度高。氢燃气轮机发电时不排放二氧化碳 CO_2、发电效率高、发电出力大，是一种高效、清洁的动力源。氢燃气轮机发电可提高能源利用效率、实现环境友好社会，它的应用与普及越来越受到人们的重视。

1. 氢燃气轮机发电的特点

氢燃气轮机发电是有效利用氢能的方式之一。氢燃气轮机发电时利用氢气燃烧器或混合燃烧器，这种燃烧器可燃烧氢气，也可将氢气和天然气进行混合燃烧。新型涡轮既可燃烧天然气也可燃烧氢气，燃烧氢气时也能满足氢气燃烧特性。

由于氢气具有燃烧速度快、燃烧温度高的特点，因此氢燃气轮机发电时存在燃烧喷嘴烧损、燃烧不稳定以及燃烧时氮氧化物 NO_x 增加等问题。为了解决这些问题，一般采用特殊氢气燃烧器、低氮氧化物 NO_x 燃烧等技术，如采用具有陶瓷表面的燃烧喷嘴。陶瓷燃烧喷嘴采用细孔结构，使燃烧更加容易，以减少氮氧化物 NO_x 的排放量。

2. 氢燃气轮机发电的应用

氢燃气轮机发电可设置在用户近旁，同时为用户提供电能和热能，实现热电联产，装机容量可达 1MW 级，可使用氢能和天然气等发电燃料。将来，在城市、住宅小区等地，区域能源系统会得到应用与普及，由燃料电池和氢燃气轮机发电等构成的热电联产系统可作为区域能源系统的重要组成部分，为区域的用户提供电能和热能。

16.8　氢能的制造与储存

16.8.1　制氢

为了应对化石能源资源枯竭、减少温室效应，抑制二氧化碳 CO_2 排放、未来实现氢能社会，需要利用先进的制氢技术，将天然气等化石燃料转换成氢燃料。随着燃料电池发电、氢燃气轮机发电等的大量应用与普及，氢能的需要量将大幅上升，为了满足日益增长的需要，必须大量制造氢能。目前制氢主要有水电解法、高温水蒸气分解法、热化学法、太阳光催化剂法等方法，制造的氢能有气态氢、液态氢以及固态氢。

制氢所使用的能源有多种多样，可使用煤炭、天然气等化石能源，也可利用可再生能源，利用可再生能源制氢的效率较高、成本较低，其中利用太阳能分解水制氢的方法有太阳能热分解水制氢、太阳能水电解制氢、太阳光催化光解水制氢、太阳能生物制氢等。利用太阳能制氢所获取的氢能将成为人类普遍使用的一种优质、干净的燃料。

可再生能源一般以电能、热能的形式被利用，现阶段难以大量储存。由于太阳能光伏发电、风力发电是一种间歇式发电，存在出波动较大、供电不稳定、产生多余电能等问题，如果将多余电能通过水电解等制氢技术转换成氢能，则可和化石能源一样进行储存、运输和使用。

将来，氢能将主要用于工业、交通、家庭等。火力发电等将逐步被分布式燃料电池发电、氢燃气轮机发电等所替代，燃料电池电动车、氢发动机等将取代汽油车、柴油车等，因此将来需要大量的氢能，需要建设大量的加氢站，可以预料氢能发电将会得到越来越广泛的应用和普及。图 16.15 所示为制氢与氢能的应用。

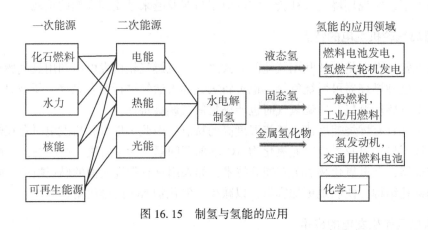

图 16.15 制氢与氢能的应用

16.8.2 氢的运输和储存

如前所述，制氢可使用化石能源或可再生能源，但这些能源一般分布在远离负荷中心的地方，因此需要将制成的氢进行储存，运输，由于氢易气化、着火、爆炸，因此如何妥善解决氢的储存和运输问题也就成为开发氢能的关键。

氢的输送有管道输送和容器运输等方法，氢的容器运输一般有三种方式，即大型液化氢运输船、液化氢运输罐以及复合容器压缩车。图 16.16 所示为大型液化氢运输船的外形，使用这种运输方法时，需利用极低温技术将氢的温度降至 $-253℃$，使气态氢（即 GH_2）变成液态氢（LH_2），其体积减少到原体积的 1/800，这样可提高氢的运输、储存的效率和流通量。

图 16.16 大型液化氢运输船的外形

使用液化氢运输罐运输时，采用隔热技术较高的大型液化氢储存罐，将氢的温度降至-253℃，可通过公路运输。使用复合容器压缩车时，主要是为了满足燃料电池车的需要。

氢的储存方法有压缩法、液化法、氢吸藏合金、碳素材料吸着等，一般使用液化氢储存罐进行储存。采用较高的隔热技术，对于-253℃的极低温液化氢来说，可减少太阳等外部热源的影响，防止氢气发生气化。

16.9 氢能发电的应用

燃料电池发电具有可以利用多种燃料、综合效率高、不产生环境污染、体积小、噪声低、应用广等优点，可在分布式发电、热电联产、利用废甲醇发电、利用生物质能发电以及联合发电等中使用。燃料电池发电、氢燃气轮机发电等氢能发电的应用对环境保护、能源稳定供给以及提高能源安全等方面具有重要作用。

在环保方面，由于燃料电池工作时只产生电能和热能，不排放氮氧化物 NO_x、硫磺氧化物 SO_x 等有害气体，对环境无害；不排放二氧化碳 CO_2，可减少温室效应。

在能源稳定供给方面，可利用生物质气体、啤酒厂等排出的气体发电；可利用热电联产系统供电供热，节省能源；可使发电用燃料多元化，减少煤炭、石油等化石能源的使用量；电源可分布式配置，使用方便等。

在提高能源安全方面，大电网事故停电时，燃料电池、氢燃气轮机发电及时工作可就地供电，减少停电导致的不便和损失。随着家用燃料电池发电系统的应用，可引入家庭能源管理系统(HEMS)、信息通信技术 IT 等，可实现家庭信息化。

燃料电池的应用领域比较广，可作为家用电源，为家庭或集合住宅等提供电能和热能，即实现热电联产(参见第 17 章"热电联产系统")；可与燃气轮机发电等进行组合构成高效联合发电系统；大规模燃料电池发电可作为分布式电源，替代传统的火力发电等大型集中型电源，作为主力电源使用等；可作为燃料电池车、电车电源、移动通信设备的超小型电源以及环境协调型发电等。

16.9.1 高效联合发电系统

固体氧化物型燃料电池和熔融碳酸盐型燃料电池的工作温度较高，排出的余热温度也较高，将这些燃料电池与燃气轮机发电、汽轮机发电等进行组合，可构成高效联合发电系统。图 16.17 所示为燃料电池和微型燃气轮机构成的高效联合发电系统。其中的燃料电池为固体氧化物型燃料电池(SOFC)，该燃料电池发电后的排热温度较高，将排出的高温气体供给微型燃气轮机的燃烧器燃烧做功，使微型燃气轮机旋转带动发电机发电，可提高燃料的利用率。

16.9.2 大型燃料电池发电系统

将来，分布式电源将成为主力电源，而大型集中型电源，如火力发电、核能发电等将成为副电源，因此未来分布式大型燃料电池发电系统将会得到大力应用和普及。图 16.18

所示为磷酸型燃料电池发电系统，该系统使用氢能作为发电燃料，发电容量为 12WM。可为附近的负载提供电能，也可将电能送往电网。

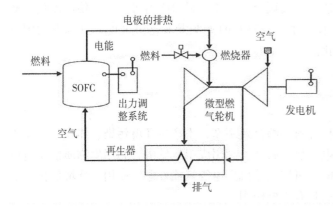

图 16.17 燃料电池和微型燃气轮机构成的联合发电系统　　图 16.18 磷酸型燃料电池发电系统

16.9.3 燃料电池车

汽车燃烧汽油、柴油等化石燃料会排出大量的有害气体，不仅污染环境，对人体有害，而且会造成温室效应，使地球的温度上升，而且它排出的气体是造成城市空气污染的主要原因之一。为了减少城市和区域等地的空气污染，改善城市和区域的环境，在城市和区域等处应用和普及燃料电池车、电动车、氢发动机等新型车是非常必要的。

燃料电池车是一种使用质子交换膜型燃料电池发电，驱动电动机工作的电动车。它可车载超级电容器等储能装置，减速时电动机变为发电机运行模式利用再生制动能量发电，实现联合方式运行。而电动车可利用燃料电池、蓄电池、电容器以及再生制动电能等电能，也可利用公共场合设置的快速充电桩充电，也可在自家充电。

图 16.19 所示为燃料电池车的构成，它由燃料电池、高压氢罐、储能装置（如锂电池）、电动等组成。其工作原理是：燃料电池所产生的电能或储能装置的电能使电动机运转，驱动车轮行走。燃料电池所使用的氢一般由车载的高压氢罐供给，也可以由加氢站提供。目前，燃料电池车的续航里程可达 750km 以上。

燃料电池也可用于电车（如高铁车辆、地铁车辆等），图 16.20 所示为燃料电池电车的基本构成。它主要有氢罐、燃料电池、蓄电池以及电力转换装置等。燃料电池利用氢罐供给的氢能发电，驱动电动机工作。可利用减速或制动时产生的再生制动电能、电车匀速运行时燃料电池的剩余电能给蓄电池充电，作为电车加速等时的备用电源。燃料电池电车有独自的供电设备，可省去传统的变电及其辅助设备，可减少架线等事故、降低成本、实现安全、可靠运行。

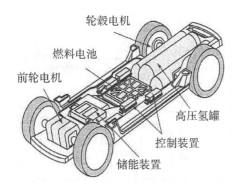

图 16.19　燃料电池车的构成

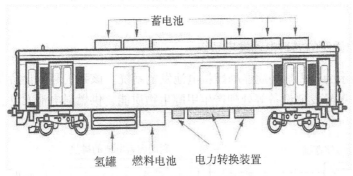

图 16.20　燃料电池电车的基本构成

16.9.4　移动通信设备用燃料电池

随着信息化社会的发展，笔记本电脑、手机、便携式电视等移动通信设备的快速普及，特别是高性能电脑的不断增加，目前所用电源的容量、使用时间都不能满足人们的要求，因此，人们正在研发可供移动通信设备长时间、连续使用的大容量电源，由于燃料电池单位体积的容量较大，将来可作为移动通信设备的电源使用，如直接甲醇型燃料电池。

16.9.5　环境协调型发电

燃料电池发电是一种对环境非常友好的发电方式。发电所使用的燃料比较多元，可使用天然气、甲醇、由生物质能制成的甲烷、在工厂产品制造时产生的氢或乙醇(酒精)等发电。

1. 利用废甲醇的燃料电池发电系统

在半导体产品制造厂的半导体部件清洗作业中会大量使用甲醇，一般废物处理公司会将使用后的废弃物进行焚烧处理，使大量的甲醇被浪费掉。图 16.21 所示为利用废甲醇的燃料电池发电系统。该系统利用甲醇蒸发器将使用后的甲醇废液进行处理，经重整器制成氢气，作为燃料电池的发电燃料，可为用户提供电能和热能，实现热电联产。

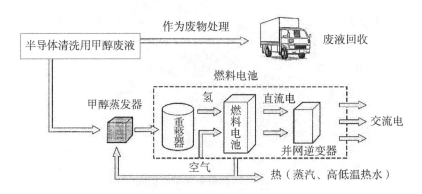

图 16.21　利用废甲醇的燃料电池发电系统

2. 利用生物质能的燃料电池发电系统

图 16.22 所示为利用生物质能的燃料电池发电系统。该系统利用食品废水等有机废弃物，经反应炉、甲醇发酵设备等处理产生甲醇生物质能，供燃料电池发电。

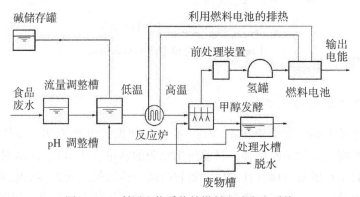

图 16.22　利用生物质能的燃料电池发电系统

16.10　氢能社会

氢能社会是指在家庭、学校、楼宇、工厂、交通等领域广泛使用氢能的社会。在氢能社会可实现多样、廉价、稳定的能源供给；氢能的能源利用率高，可节能；使用氢能发电时无二氧化碳等排放，可减少环境压力，实现低碳社会；在灾害、应急时，燃料电池车可作为应急电源，提供可靠的电能；可汇集氢关联产业、技术，带动经济发展。

未来能源网络将是电网、气网、氢网合一的立体结构，氢网将起枢纽作用，它可消纳多余电能(指将多余电能转换成氢能)并灵活转化为电能(指需要电能时将氢能转换成电能)、可部分替代天然气，实现多种能源互补、能源有效转换。在氢能社会可构筑氢网，进行制氢、储氢、用氢，也可与电网连接。图 16.23 所示为由电网与氢网构成的智慧能源系统。电网可利用蓄电池等对电能进行少量、短期储存。而利用氢网，通过水电解、氢储存罐等，可对电能进行大量、长期储存、输送等。另外，电网与氢网之间可进行电能与氢能的相互转换，可解决多余电能等问题，实现能源的优化利用、提高供电品质、降低发电成本。

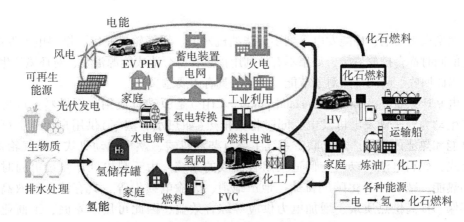

图 16.23　由电网与氢网构成的智慧能源系统

我国高度重视氢能源产业的发展，正在进行充电、加氢等设施的建设，大力推动氢能利用和燃料电池车应用和普及。随着大量使用氢能和进行无排放制氢，氢能应用将从城市向农村普及，氢能社会的实现将不会遥远。

第17章 热电联产系统

从大型火力发电、核能发电等到小型柴油机发电、燃气轮机发电、燃料电池发电等，在发电的同时都会排放热能，如果不有效利用排热，将会造成能源浪费、对环境产生不利影响，因此回收、利用排热对于节能、环保等具有重要意义。

热电联产系统(combined heat and power，CHP)是原动机使用化石燃料、可再生能源等产生动力，驱动发电机发电，同时将其排热(如热水、蒸气)供用户使用，可有效利用电能和热能的系统。热电联产系统主要有柴油机式、燃气发动机式、燃气轮机式、汽轮机式、燃料电池式以及它们适当组合而成的系统。由于热电联产系统可同时利用电能和热能、减少二氧化碳的排放、地产地消、无输电损失等，具有综合能效高、节能、环保、提高供热质量、增加电力供应等综合效益，因此可用于家庭、工商业等众多部门。

本章主要介绍热电联产的必要性、热电联产系统的评价指标、热电联产系统的节能效果、热电联产的种类、各种热电联产系统的构成、原理、种类、特点以及应用等。

17.1 热电联产的必要性

火力发电、核能发电、柴油机发电、燃气发动机发电、燃气轮机发电、燃料电池发电以及汽轮机发电等，在发电的同时会排放大量的热能，如果同时利用发电所产生的电能和热能，不仅可提高能源利用率，而且对环保有利。热电联产系统是使用单一能源连续供给电能和热能这两种能量的系统，因此利用热电联产实现节能、环保是非常必要的。

热电联产系统是一种能源利用率较高的能源供给系统，可分为大型热电联产系统和中小型热电联产系统。在大型火力发电等发电系统中，发电后大量的排热被丢弃，造成能源的极大浪费，利用大型热电联产系统的排热，为居民生活、商业服务、工业部门等提供热水或蒸气非常必要。另外，可通过多个热电联产工厂为社区、区域等提供热能，称为"热电联产区域供热"(combined heat and power district heating，CHPDH)。这种形式的热电联产一般利用大、中型火力发电、核能发电等的排热。

中小型热电联产系统中包括小型内燃机发电、外燃机发电、燃气轮机发电、汽轮机发电以及燃料电池发电等，这些形式的发电可作为分布式电源。由于大多数热机工作时会排出一半以上的热量，因此热电联产系统发电排放的多余热能可为家庭、建筑物、工商业等的用户提供热水、蒸汽等，达到节能、环保、减少支出等目的。

17.2 热电联产系统的评价指标

对于热电联产系统来说,发电效率和能源利用率是最重要的两个评价指标。发电效率可用下式表示。

$$发电效率 = \frac{发电量}{燃料消费量} \tag{17.1}$$

排热利用率为

$$排热利用率 = \frac{排热利用量}{燃料消费量} \tag{17.2}$$

或使用下式进行计算。

$$排热利用率 = \frac{排热利用量}{排热回收量} \tag{17.3}$$

排热利用率表示空调、供热等所使用的热量(即排热利用量)与原动机的燃料消费量(即投入能量)的比率。或表述为:排热利用量与排热回收量之比。能源利用率可用下式表示。

$$能源利用率 = \frac{发电量 + 排热利用量}{燃料消费量} \tag{17.4}$$

由上式可知,在热电联产系统中,由于原动机的排热被利用,因此能源利用率会大大提高。热电联产系统的发电效率、排热利用率以及能源利用率与所使用燃料的发热量有关,燃料的发热量可分为高位发热量(用 HHV 表示)和低位发热量(用 LHV 表示),高位发热量是指燃料完全燃烧时放出的全部热量,包括烟气中水蒸气已凝结成水所放出的汽化潜热,即指燃料中的水分在燃烧过程结束后以液态水形式存在时的燃料发热量;而低位发热量是指从高位发热量中扣除烟气中水蒸气的汽化潜热的发热量,即低位发热量指燃料中的水分在燃烧过程结束后以水蒸气形式存在时的燃料发热量。城市使用的天然气的低位发热量约为 41.4MJ/Nm³(Nm³ 指在 0 摄氏度、1 个标准大气压下的气体体积),高位发热量约为 46.0MJ/Nm³,热电联产系统一般使用高位发热量 HHV 进行评价。

17.3 热电联产系统的节能效果

在传统的发电系统中,原动机发电后的热能未被利用,而是直接排入大气,因此能源利用率较低。而在热电联产系统中排热被利用,因而可有效利用能源,使能源利用率得到提高。

图 17.1 所示为传统的发电系统的能源利用率。假如供给发电站的一次能源为 100% 时,由于输电线损失大约为 5%,被转换成的电能为 35% 左右,因此其余约 60% 的热能被排放至大气,造成能量的极大浪费。

图 17.2 所示为热电联产系统各部分的能源利用率。该系统可就地发电、就地使用电能和排热,没有输电损失,能源利用率较高。与传统的发电系统相比,热电联产系统可利

用 40%～50% 的排热，使能源利用率达 70%～80%。热电联产系统的能源利用率仍在不断提高，大型燃气轮机的发电效率已达到 50%，远高于传统的发电系统。

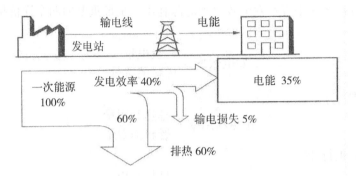

图 17.1　传统的发电系统的能源利用率

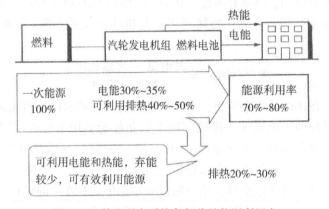

图 17.2　热电联产系统各部分的能源利用率

17.4　热电联产的种类

17.4.1　从能源利用的角度分类

从能源利用的角度可将热电联产分为两种，一种是指利用热机或燃料电池等产生的电能和热能的热电联产；而另一种是利用电能、供热以及冷却（如用于吸附式制冷机中进行冷却）的热电联产，称为冷热电联产（combined cooling，heating and power，CCHP）。本章主要介绍利用热机或燃料电池等的热电联产系统。

热电联产对不同品位的能量进行梯级利用，温度较高的高品位热能用来发电，而温度较低的低品位热能则用来供热或制冷，这样可提高能源利用率，减少碳和有害气体的排放，具有良好的经济和社会效益。

从热电联产系统所使用的原动机分类，热电联产系统主要可分为柴油机式、燃气发动机式、燃气轮机式、汽轮机式以及燃料电池式等系统。在实际应用中，柴油机式热电联产系统的应用较多，燃气发动机式次之，燃气轮机式的应用相对较少。在安装容量方面，燃气发动机式热电联产系统较大，柴油机式热电联产系统次之。

在柴油机式热电联产系统中，柴油机中的喷头将柴油喷射到高温高压的空气中点火燃烧产生旋转的动力，驱动发电机发电。柴油机可使用柴油、轻油、重油等燃料。柴油机式热电联产系统可提供电能和排热。

在燃气发动机式热电联产系统中，燃气发动机燃烧天然气等燃料，它将天然气等的能量转换成旋转的机械能，驱动发电机发电。燃料可使用天然气、生物气体（即生物质能产生的气体燃料）等，发电效率较高。在化石燃料中，天然气是一种二氧化碳 CO_2 排放量最少的清洁能源。

在燃气轮机式热电联产系统中，利用燃烧天然气等燃料产生的高温高压气体推动涡轮运转，驱动发电机发电。燃料可使用天然气、生物气体等。可回收、利用高温蒸汽，能源利用率较高。

利用燃料电池发电时，无须上述的中间能量转换环节，而是利用化石能源、可再生能源等所制氢气，通过燃料电池的电化学反应直接转换成电能，因此转换效率高、清洁无污染。燃料电池式热电联产系统主要使用质子交换膜型和固体氧化物型等燃料电池。

在质子交换膜型（PEFC）燃料电池式热电联产系统中，电解质使用质子交换膜，利用氢气与空气中的氧气进行电化学反应，产生电能和热能。可使用天然气等化石燃料或生物气体等燃料，该系统可在常温下工作，启动、停止容易，小型、重量轻。

在固体氧化物型（SOFC）燃料电池式热电联产系统中，电解质使用稳定的氧化锆，氢气与氧气进行电化学反应发电并排热。可使用天然气、一氧化碳等化石燃料，发电效率较高。

17.4.2 按热电联产系统的大小分类

如前所述，热电联产系统有大型热电联产系统和小型热电联产系统之分。在分布式发电系统中，一般使用小型、微型热电联产系统，其中微型热电联产系统使用较多。微型热电联产（MicroCHP，或 MCHP）系统是一种小容量分布式能源（DER）系统，通常用于家庭、小型商业设施等，可供暖、供热水、供电以及向电网售电等。

微型热电联产系统主要有柴油机、燃气轮发动机、燃气轮机以及燃料电池等。发电方式可分为先发电式和后发电式，先发电式是指蒸气先用于发电，然后用于民用、工商用等其他部门，而后发电式则与之相反。

17.5 柴油机式热电联产系统

柴油机式热电联产系统主要回收柴油机发电的排气（即烟气）和各部件的冷却水的热量产生热水、蒸汽。由于余热回收比较复杂、余热品位不太高，因此在供热温度要求较高的场合应用较少。由于柴油机发电效率一般在 30% 左右，初期投资较低，因而比较适用于小型热电联产系统。

17.5.1　柴油机发电系统

图 17.3 所示为柴油机发电系统，该系统主要由柴油机、发电机等组成。柴油机工作时气缸内的空气被压缩，喷头将柴油喷射到高温、高压的压缩空气中点火燃烧推动活塞往复运动，通过连杆机构产生旋转的动力，驱动发电机发电。柴油机发电具有启动、停止比较容易、燃料使用方便、建设安装工期短、热效率高、扭矩大等优点，但由于工作时做往复运动，因此存在噪声、振动、输出力矩脉动、转速较汽油机低等问题。

图 17.3　柴油机发电系统

柴油机发电使用柴油、轻油、重油等燃料，热效率可达 50%，运行安全，可实现无人自动运行。作为分布式电源使用，为离岛、无电地区供电，也可作为停电、救灾等的应急电源，或作为宾馆、医院等的备用电源。由于柴油机在发电过程中会排热，因此可实现热电联产，用于工厂、社区、产业等部门。

17.5.2　柴油机式热电联产系统

1. 柴油机式热电联产系统的构成

图 17.4 所示为柴油机式热电联产系统的构成。该系统主要由柴油机、蒸汽锅炉、冷却水热交换器、吸收冷热水机、储水罐以及发电机等组成。其中，蒸汽锅炉利用柴油机的排热产生蒸汽；冷却水热交换器将柴油机的冷却水中的热能取出，输送到吸收冷热水机。

吸收冷热水机是一种有效利用燃料加热、发动机的排热，为房间等提供冷、暖气的设备。使用吸收冷热水机可减少 10%～15% 的燃料使用量，具有明显的节能效果。另外，由于使用吸收冷热水机可省去其他设备，节约投资费用和减少设置占用空间等。

2. 柴油机式热电联产系统的特点

柴油机式热电联产系统的主要特点有：

(1) 初期投资较低，比较适用于小型热电联产系统；

(2) 排热利用率为 18%～27%，比同容量的原动机要低；

(3) 发电效率为 33%～45%，能源利用率较高；

(4)使用含有硫磺成分的重油发电时，需要应对硫磺氧化物 SO_x 和氮氧化物 NO_x 对柴油机的影响。

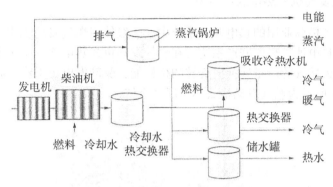

图 17.4　柴油机式热电联产系统的构成

17.6　燃气发动机式热电联产系统

17.6.1　燃气发动机发电

1. 燃气发动机发电

天然气作为改善环境和化石燃料的代替能源，将来可作为主要能源，它在分布式发电系统中的应用也备受关注。燃气发动机是一种以天然气、生物气体等作为燃料，将燃烧燃料获取的能量转换为旋转的机械运动的动力装置。燃气发动机的构造和工作原理与柴油机的大致类似。可参考第 4 章"柴油机发电和汽油机发电"有关内容。

燃气发动机发电具有启动快、效率高、负荷追踪性能好、应用范围广等特点，可作为分布式电源、应急电源以及备用电源等，在岛屿、社区、楼宇、医院等处使用。

2. 燃气发动机发电的特点

燃气发动机发电具有如下的特点：

(1)发电效率较高，为 26%~49%；

(2)可实现热电联产，回收高温排热，能源利用率为 72%~90%；

(3)启动快、负荷追踪性能好；

(4)在大城市使用时，为了减少氮氧化物的影响，需设置脱硝设备。

17.6.2　微型燃气发动机式热电联产系统

燃气发动机式热电联产系统一般用于电力需要较大的商业用发电，也可使用小型燃气发动机(功率小于 50kW)发电，回收热能，实现热电联产。近来家庭用或商业用微型燃气发动机式热电联产系统正在开始应用与普及。微型燃气发动机发电的同时会排热，排热可用来产生热水，因此微型燃气发动机被称为产生电能的热水器。

1. 微型燃气发动机式热电联产系统

在家庭或小规模商业用的热电联产系统中，一般使用燃气发动机式、燃气轮机式以及质子交换膜型燃料电池等热电联产系统。在燃气发动机式热电联产系统中，发动机燃烧天然气等燃料，将天然气的能量转换成旋转的机械能，驱动发电机工作，同时给用户供热水等热能，图 17.5 所示为燃气发动机式热电联产系统。

图 17.5　微型燃气发动机式热电联产

2. 微型燃气发动机式热电联产系统特点

微型燃气发动机式热电联产系统特点有：
(1) 微型燃气发动机的发电效率为 18%~24%，它可提供电能和热能；
(2) 排热利用率约为 55%；
(3) 以供热为主运行时，可提高排热利用率；
(4) 为了满足供热水停止的情况，需要设置应急热水器等。

17.7　燃气轮机式热电联产系统

燃气轮机利用气体燃料工作，驱动发电机发电，发电后的排热温度较高，在 500℃ 以上，燃气轮机式热电联产系统可对排热进行再利用，如供热、制冷等，发电效率、能源利用率较高。此外，燃气轮机的容量范围也很宽，小中型有几十到数百千瓦的微型燃气轮机，大到 300MW 以上的大型燃气轮机。燃气轮机在热电联产中的应用越来越多。

17.7.1　燃气轮机

1. 燃气轮机发电

燃气轮机主要由压缩机、燃烧室和汽轮机等组成。压缩机将空气进行压缩并送入燃烧室，在燃烧室内与喷入的气体燃料（如天然气、生物气体）混合燃烧，燃烧所产生的高温高压燃气驱动叶轮转动，带动发电机发电。燃气轮机的体积小、重量轻、出力大，发电效率为20%~35%。排热可通过设置在燃气轮机之后的排气锅炉以蒸汽的形式回收并加以利用，排热利用率为40%~50%，可提高能源利用率。

2. 燃气轮机发电的特点

燃气轮机发电的特点主要有：

（1）发电出力大、发电效率为20%~35%，与汽轮机构成联合发电，可进一步提高发电效率；

（2）排热利用率为40%~50%，可作为区域空调、大型建筑物、大型工厂的热源；

（3）可实现热电联产，能源利用率为69%~86%；

（4）可使用天然气、生物气体、轻油、重油等多种燃料。

17.7.2　燃气轮机式热电联产系统

1. 微型燃气轮机式热电联产系统

微型燃气轮机式热电联产系统主要由压缩机、燃气涡轮、燃烧器、热交换器、发电机以及空气轴承等组成。燃气涡轮由离心压缩机和离心涡轮燃烧器组成。由于微型燃气轮机运转速度很高，通常采用空气轴承，发电使用永磁式发电机。微型燃气轮机可使用多种燃料，如汽油、天然气、柴油、煤油，也可以利用可再生燃料，如酒精汽油、生物柴油等液体燃料及甲烷等生物气体燃料，还可用氢作为动力燃料。微型燃气轮机功率为20~200kW，发电效率为20%~30%，能源利用率为70%以上。

微型燃气轮机有诸多特点：结构紧凑、制造比较容易、小型轻量、价格低廉、能量密度效率高、采用空气轴承、不使用润滑油、检修维护比较方便等，因此微型燃气轮机比较适合宾馆、医院、商店、楼宇以及家庭等使用，还可利用排热，以及与其他形式的发电系统并用。

图17.6所示为微型燃气轮机式热电联产系统的外形，它是一种小型分布式发电系统，比较适合于家庭使用，容量在1kW以下，除了发电还可供热，可作为热电联产系统使用，能源利用率较高。

图17.6　微型燃气轮机式热电联产系统

2. 燃气轮机式热电联产系统

燃气轮机式热电联产系统分为单循环燃气轮机式热电联产系统和联合循环燃气轮机式热电联产系统两种。单循环燃气轮机式热电联产系统工作时，在燃烧室内经压缩机压缩的空气助气体燃料燃烧，燃气温度达 1000℃ 以上，压力为 1~1.6MPa，然后高温高压燃气进入燃气轮机推动叶轮旋转，并驱动发电机发电。从燃气轮机排出的烟气温度一般为 450~600℃，可通过余热锅炉将热量回收用于供热。

由于单循环燃气轮机排出的余热温度较高，可利用高温余热产生蒸汽，如果增设汽轮机并利用蒸汽发电，构成燃气-蒸汽联合循环式发电系统，则发电效率和能源利用率可得到进一步提高。

1）单循环燃气轮机式热电联产系统

图 17.7 所示为单循环燃气轮机式热电联产系统，该系统主要由压缩机、热交换器、燃烧器、燃气涡轮、发电机以及逆变器等组成。压缩机对空气进行压缩，热交换器获取排气的热能，在燃烧器中燃料与高压空气进行混合燃烧产生燃气。燃气涡轮将燃气的能量转换成旋转的机械能，驱动发电机发电，排热可用于供热、供气等。发电机为永磁同步发电机，发电转速较高。逆变器可对频率进行调整并与电网并网。单循环燃气轮机式热电联产系统初期投资少、占地面积小、燃气涡轮和压缩机体积较小、重量轻，比较适用于负荷相对稳定、小型、微型热电联产系统。

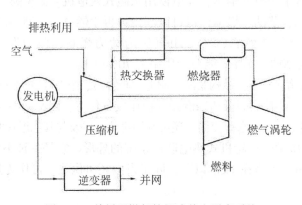

图 17.7　单循环燃气轮机式热电联产系统

2）联合循环燃气轮机式热电联产系统

联合循环燃气轮机式热电联产系统，即燃气-蒸汽联合循环，是燃气轮机式与利用其排热的汽轮机式进行组合的热电联产系统。在该系统中，燃气轮机的高温排气进入余热锅炉产生蒸汽，并将蒸汽送入汽轮机做功发电，其排气用于供热或制冷，因此能源利用率提高。

图 17.8 所示为联合循环燃气轮机式热电联产系统，主要由空气压缩机、燃烧器、燃气涡轮、排热回收装置、凝汽器、汽轮机、水泵以及发电机等构成。在联合循环燃气轮机式热电联产系统发电中，燃气轮机利用 1300~1500℃ 的燃气发电，而汽轮机则利用燃气轮

机约600℃的排热所产生的蒸汽发电。由于燃气轮机和汽轮机进行联合发电,因而发电效率较高,可达50%以上。另外,还可回收燃气轮机和汽轮机发电后的排热,使能源利用率提高。

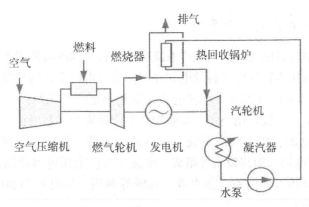

图17.8　联合循环燃气轮机式热电联产系统

3. 微型燃气轮机式热电联产系统的特点

微型燃气轮机式热电联产系统的特点主要有:

(1)设备投资规模较小、发电系统设备小、重量轻;

(2)采用空气轴承,检修维护比较方便;

(3)出力在100kW以下的小型、微型燃气轮机式热电联产系统可将发电设备、控制装置等做成一体,节省设置空间;

(4)发电效率为20%~30%;

(5)能源利用率可达70%以上;

(6)由于额定出力较小,单位出力的成本较高。

17.8　燃料电池式热电联产系统

17.8.1　燃料电池发电

燃料电池是一种利用氢气和氧气的电化学反应,将燃料的化学能直接转换成电能的发电装置。在电池的负极供给燃料(H_2、CO 等),在正极供给氧化剂(O_2),借助氧化剂作用在两电极分别电离产生离子,离子在电极间通过电解质迁移,在负电极和正电极间形成电压,如果在两电极间接上外部负载构成电路,则可向负载供电。燃料电池发电原理等可参考第16章"氢能发电"有关内容。

根据所用电解质的不同,燃料电池主要有磷酸型(PAFC)、熔融碳酸盐型(MCFC)、固体化物型(SOFC)和质子交换膜型(PEMFC)等种类。在燃料电池式热电联产系统中,通常使用质子交换膜型燃料电池或固体氧化物型燃料电池，前者应用较多。燃料电池发电清洁无污染、效率高、适用广、无噪声、可连续运转发电、发电效率可达 40% 以上，如果利用热电联产技术对其产生的热能进行回收利用，能源利用率可达 80% 以上。燃料电池式热电联产系统已在家庭等得到应用和普及。

17.8.2　燃料电池式热电联产系统

在质子交换膜型燃料电池式热电联产系统中，燃料电池既可使用天然气经重整器制成的氢气发电，也可利用生物气体燃料发电，并可回收发电时排出的热能，为家庭、办公室等提供热水、热气。图 17.9 所示为燃料电池式家用热电联产系统。它是一种可给家庭提供电能和热能的系统，一般使用小型、高效的质子交换膜型燃料电池，容量为 1kW 左右。该系统主要由燃料电池、热电联产系统、排热回收装置、排热利用设备（如浴室、热水器、地暖等）、家用电器、厨房设备等组成。电能主要供家用电器使用，也可与电网进行电能购销。回收的排热可供浴室、热水器、地暖等利用，发电效率和能源利用率都比较高，节能环保效果明显。

太阳能光伏发电系统正在家庭得到广泛应用和普及，可在房顶安装太阳能光伏发系统发电，该电能可自发自用、向电网售电以及制氢。为了充分利用太阳能光伏发电的电能、减少碳排放、解决应急情况下的用电等问题，可在家庭安装燃料电池、蓄电池等，将太阳能光伏发电系统、燃料电池（含热电联产系统）、蓄电池等进行组合，对三者进行协调控制，对供电和供热进行优化配置，使能源的利用达到最优化。

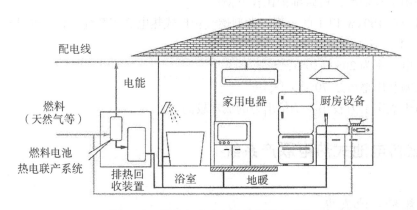

图 17.9　燃料电池式家用热电联产系统

图 17.10 所示为带太阳能光伏发电系统的热电联产系统。主要由太阳能光伏发电系统、燃料电池、储热罐以及负载等组成。热电联产系统以燃料电池为中心，燃料电池发电可使用太阳能光伏发电系统的电能所制氢气，也可利用重整器使天然气等化石燃料与水蒸气反应产生的氢气。燃料电池所发电能可供电灯、电视等家电使用，发电的同时所产生的热能可供厨房、浴室、洗脸间、地暖等使用。

就一次能源的利用率而言，传统的火力发电等约为 37%，而家用燃料电池式热电联产系统约为 85.8%，能源利用率可提高 48.8%，具有显著的节能效果。除此之外，由于可利用燃料电池为家庭内的负载供电，减少太阳能光伏发电系统的使用量，增加售电量，因此可削减家庭的用电费开支，减少二氧化碳等气体的排放。

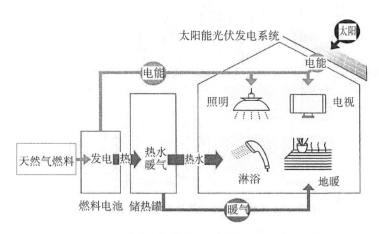

图 17.10　带太阳能光伏发电系统的热电联产系统

17.9　汽轮机发电式热电联产系统

17.9.1　汽轮机发电

　　汽轮机发电是一种利用蒸汽涡轮将高温高压蒸汽的能量转换成旋转的机械能，并驱动发电机发电的方式。汽轮机所使用的燃料主要有煤炭、石油、天然气、地热、生物质能以及太阳热能等，热源为通过锅炉将水加热产生的高温高压水蒸气。汽轮机发电具有热效率高、使用寿命长、单机出力大、稳定性能好以及设备利用率高等特点，可用于小型分布式发电系统，还可与其他发电方式进行组合构成联合发电系统、热电联产系统等，达到提高发电效率、能源利用率以及环保的目的。有关汽轮机发电的详细内容可参考第 6 章"汽轮机发电"的有关内容。

17.9.2　汽轮机发电式热电联产系统

　　汽轮机发电式热电联产系统有火力发电式、太阳能热发电式、生物质能发电式等种类。图 17.11 所示为木质类生物质气化发电式热电联产系统。将木质类生物质经燃料管投入气体发生炉中，在发生炉中经氧化还原反应（又称热分解）产生气体燃料，经上部的除尘器除去粉尘等后送入汽轮机做功，驱动发电机发电。汽轮机做功后排出的高温气体经锅炉转换成热水，再经冷却器转换成热风，供室内取暖或木材干燥等使用，由于排热被利用，因此可大大提高能源利用率。

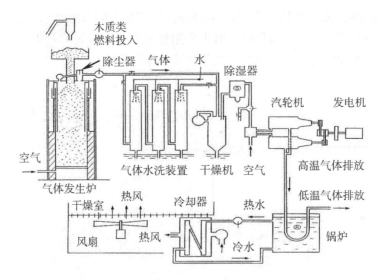

图 17.11　木质类生物质气化发电式热电联产系统

17.10　分布式能源系统

分布式能源系统(distributed energy system)是一种能源网，具有靠近用户、梯级利用、一次能源利用效率高、对环境友好、能源供应安全可靠等特点。分布式能源系统有多种形式，如家用住宅式、建筑物冷热电式、区域式以及建筑群式等热电联产系统等。这里主要介绍家用住宅热电联产系统、建筑物冷热电联产系统以及区域热电联产系统。区域热电联产系统对整个系统的能源供求进行最优控制、智慧管理，对实现社区、区域的可再生能源利用的普及、节能、二氧化碳减排、就业以及区域经济发展等非常重要。

17.10.1　家用住宅热电联产系统

家用住宅热电联产系统由太阳能光伏发电系统、热电联产系统以及蓄电池等构成，利用先进的信息技术、控制技术等对三者进行协调控制，对供电、供热等进行优化配置，达到能源利用的最优化。最近，在家庭使用燃料电池、利用城市天然气的家用热电联产系统正在得到应用和普及，可为家庭提供电能和热水等。

17.10.2　建筑物冷热电联产系统

图 17.12 所示为建筑物冷热电联产系统，该系统可把握各用户的负荷模式，实现建筑物的冷热电融通，对建筑物的能源使用进行最优控制。另外可对建筑物内的能源使用状况进行实时显示，实现用户主导的节能、二氧化碳减排效果的最大化。该冷热电联产系统在宾馆、医院、办公室、楼宇等建筑物内的中央供暖系统中正在得到广泛应用。建筑物内必要的热量与用电量之比称为热电比。热电比与建筑物的大小、用途等有关，一般来说，宾馆、医院的热电比较大，而办公楼、公寓的热电比较小，热电联产系统供给的热电比与建

筑物的热电比相差较大时，设置热电联产系统有可能达不到有效利用能源的目的。此外，住宅等大量利用热能的时间与大量利用电能的时间不同时，可能难以实现较大的节能效果。

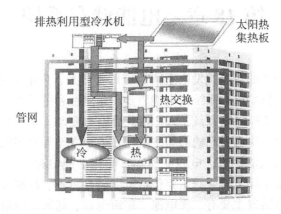

图 17.12　建筑物冷热电联产系统

17.10.3　区域热电联产系统

图 17.13 所示为区域热电联产系统。它由发电系统、热电联产系统、家庭、工厂等负载、电网、天然气网、热管网以及通讯网等组成。该系统对区域内能源供求进行最优控制，即对区域内的多个分布式能源系统和多个能源负荷进行最优控制，实现单一区域或多个区域间的热、电的融通和有效利用，随着可再生能源的普及和推广，热、电的最佳利用对实现社区、区域的节能、二氧化碳减排等具有非常重要的意义。

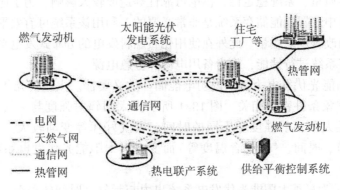

图 17.13　区域热电联产最优控制系统

第 18 章　电能储存系统

随着利用可再生能源的分布式发电系统的应用与普及，发电出力变动、供给不稳定、多余电能等问题将严重影响电力系统的电能质量、稳定性和可靠性等，因此有必要使用蓄电池等电能储存系统(又称储能系统)，采取平滑出力变动、削峰填谷、吸收多余电能、调频、调压等措施，以解决电力系统的频率波动、电压变动等众多问题。

电能储存主要有机械能储存、电磁能储存、电化学能储存、氢能储存以及储热储冷等。电能储存系统由多个环节构成，主要包括电能储存装置、控制并网装置以及电能储存管理系统等。电能储存装置主要有二次电池、超级电容、超导、压缩空气、飞轮以及抽水蓄能电站等。

本章主要介绍与分布式发电系统有关的电能储存技术，内容包括电能储存的必要性、电能储存的种类及功能、电能储存系统的构成及原理、电能储存系统的应用等。

18.1　电能储存的必要性

使用可再生能源发电的分布式发电系统靠近用户，具有效率高、节能环保、清洁无污染等优点。但由于发电出力受季节、天气等环境因素的影响较大，具有显著的随机性和不确定性的特征，在实际应用中存在发电出力波动、不稳定、产生多余电能等问题，可能对电力系统的电能质量、系统稳定性、供电可靠性等造成较大影响。为了应对这些问题，在分布式发电系统中设置电能储存系统是非常必要的，利用该系统可有效平滑送入电网的功率脉动等，从而改善电能质量。此外在使用化石燃料发电的分布式发电系统中，同样有必要设置电能储存系统进行储能，作为备用电源和应急电源。

这里以太阳能光伏发电为例来说明电能储存的必要性。太阳能光伏发电的出力与太阳辐射强度等气象条件密切相关。图18.1所示为太阳辐射强度与天气、时间之间的关系，由该图可见太阳辐射强度随不同的时间、天气好坏等变动较大。一般来说，太阳辐射强度随季节、时间、气候(含温度等)而变，对太阳能光伏发电系统的发电出力影响较大。

图18.2所示为夏季太阳能光伏发电系统出力与天气、时间的关系。可见太阳能光伏发电系统的出力随天气、时间等而变动，晴天出力较大，阴天不仅出力小，而且变动大，而雨天出力很小，几乎不发电。图中所示为夏季的情况，实际上季节的变化对太阳能光伏发电系统的出力影响也较大，一般来说在夏季温度较高的地方，其发电出力会有所下降。因此太阳能光伏发电是一种间歇式发电、出力波动较大、供给不稳定的电源。

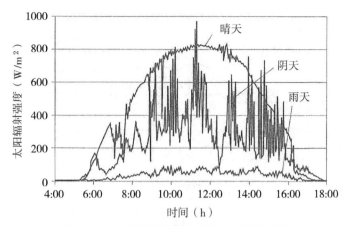

图 18.1　太阳辐射强度与天气、时间的关系

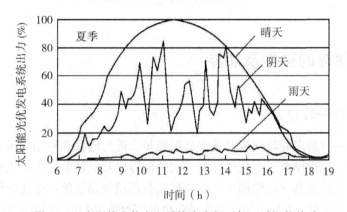

图 18.2　太阳能光伏发电系统出力与天气、时间的关系

　　在分布式发电中，除了太阳能光伏发电以外，风力发电、波浪发电等均存在发电出力不稳定的问题，这些发电方式一方面会影响负载的供电，另一方面会影响电力系统的电能质量。如太阳能光伏发电系统有多余电能并向电网反输电时，会引起配电线的电压上升、频率波动等，对电力系统的正常工作造成较大影响。为了避免这些情况的发生，有必要采取对太阳能光伏发电出力进行预测、使用电能储存系统对出力变动进行调整等措施。

　　图 18.3 所示为各种发电出力曲线与负荷曲线的关系。在电力系统中一般有核能发电、火力发电、可再生能源发电以及储能装置等，当太阳能光伏发电产生多余电能时会导致供大于求的情况发生，它会对电力系统的供求平衡产生严重影响，如果利用抽水蓄能电站，将昼间的太阳能光伏发电所产生多余电能用于抽水蓄能，而在峰荷时段放水发电并送往电网，此外，在夜间利用抽水蓄能发电代替核能发电、火力发电等为用户供电，减少使用化石燃料发电的发电量，对于解决供求矛盾、减少二氧化碳的排放将发挥重要作用。

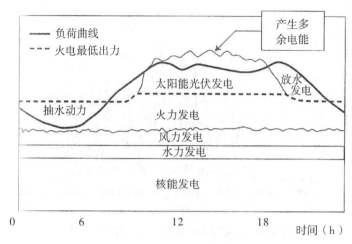

图 18.3　各种发电出力曲线与负荷曲线的关系

18.2　电能储存的种类及功能

18.2.1　电能储存的种类

电能储存是一种将电能转化成其他形式的能量，进行储存和利用的技术。电能储存主要分为机械储能、电磁储能、电化学储能、储热储冷以及氢能储能等。机械储能主要有抽水蓄能、压缩空气储能和飞轮储能等；电磁储能包括超导储能等；电化学储能有超级电容储能、铅酸蓄电池储能、NAS 电池(又称钠硫电池)储能、氧化还原液流电池(以下简称液流电池)储能和锂电池储能等；氢能储能指将天然气、生物质能等转换成氢能进行储存。表 18.1 为蓄电池的种类及特点。

表 18.1　　　　　　　　　　　蓄电池的种类及特点

蓄电池的种类	特　　　　点
铅蓄电池	成本低、应用广、能量密度低、充放电效率低
锂电池	能量密度高、充放电效率高、成本高
NAS 电池	能量密度高、容量大，但高温动作加热需消耗能源
液流电池	能量密度低、容量大、成本低

在电力系统中主要使用蓄电池储能、抽水蓄能、压缩空气储能以及超导储能等方式。蓄电池储能可用于调峰、调频；抽水蓄能用于调峰，主要在集中式发电中应用较多，但成本太高；压缩空气储能也可用于调峰，在小型、分布式发电系统中应用较少。

在分布式发电系统中一般使用蓄电池、超级电容、氢能、飞轮以及抽水蓄能等储能方式。蓄电池储能在分布式发电系统中应用最为广泛，可用于家用蓄电、应急电源等，但存在初次投资高、寿命短、环境污染等诸多问题；超级电容储能具有运动部件少、维护方便、可靠性高等特点，在分布式发电系统中可作为储能装置使用；氢能储能可利用可再生能源发电所产生的电能制氢并加以储存，必要时供燃料电池发电；飞轮储能和超导储能的成本太高，目前应用较少；抽水蓄能可将可再生能源发电的多余电能转换成水的位能，在峰荷时发电或承担基荷等任务。

电能储存的种类还可按功率需求、能量需求分为功率型储能和能量型储能。功率型储能用于短时间内对功率需求较高的场合，如改善电能质量、提供快速功率补偿等。功率型储能响应迅速、功率密度较大，通常利用超级电容、飞轮储能、超导储能等方式；能量型储能适用于对能量需求较高的场合，需要储能装置提供较长时间的电能。能量型储能具有较高的能量储存密度，充放电时间较长，一般使用压缩空气储能、NAS 电池储能、液流电池储能、铅蓄电池储能、锂电池储能等方式。此外也可采用混合储能形式，将不同性能的电能储存进行组合，充分发挥不同电能储存技术的优势，以满足功率和能量等多方面的需求。

18.2.2 电能储存的功能

电能储存系统主要用于发电侧、电网、用户侧以及智能电网等。主要功能有平滑输出功率波动、吸收多余电能、调频、电压暂降、削峰填谷、作为备用电源、应急电源等；在太阳能光伏发电、风力发电等发电侧平滑输出功率波动、提供稳定的电能等；电网侧吸收多余电能、调频、输送稳定的电能；在用户侧储存多余电能、错峰用电、削峰填谷、电压暂降以及作为应急电源。一般来说，大型发电的场合通常使用大型抽水蓄能、压缩空气储能以及超导储能等；而在小型分布式发电的场合，一般使用二次电池、超级电容、小型抽水蓄能以及飞轮储能等方式。

1. 在分布式发电系统中的功能

分布式发电可分为使用化石燃料发电和使用可再生能源发电两种方式。前者发电使用柴油、汽油以及天然气等作为燃料，输出功率容易控制、出力比较稳定。而可再生能源发电的输出功率具有间歇性、变动性的特点，随着分布式发电大规模应用与普及，需要平滑输出功率波动，使发电出力稳定。

解决上述问题有多种方法，在分布式发电系统中接入电能储存系统，平滑输出功率波动、吸收多余电能、对电压和频率波动实现有效控制；将电能储存系统与风电、太阳能光伏发电等分布式电源进行集成，增强分布式发电系统的功率可调度性。通过这些方法可改善电能质量、实现稳定输出、降低分布式发电对电力系统的影响。

2. 在电网中的功能

电能储存系统在电网(主要是配电网)中可进行调峰、调频以及调压等。主要用于解决电峰谷差、电力系统稳定性、电能质量等问题。利用电能储存系统在负荷低谷时充电，在负荷高峰时放电，可有效实现负荷的削峰填谷；电能储存系统具有响应速度快、输出功率控制精度高等特点，非常适合电力系统调频的需求，因此可利用其对系统频率进行调节；大量分布式发电系统接入配电网可能会改变配电网中功率的流动规律，造成一些并网点电压的升高，利用电能储存系统可调节有功功率，有效缓解并网点电压升高，提高配电网对分布式电源的接纳能力。对系统侧来说使用电能储存系统不仅可减少对应峰荷的电力设备容量，减少投资成本，还可提高现有电力设备的利用率，增加夜间的发电量。

3. 在用户侧的功能

太阳能光伏发电、风能发电在家庭、工商业等方面正在得到广泛的应用，随之出现了发电出力变动、多余电能等问题。在用户侧使用电能储存系统可储存多余电能，自产自销。可作为备用、应急电源，停电时确保重要负荷供电，提高供电的可靠性；参与用户侧响应、削峰填谷、补偿电压暂降等。随着电动车的应用与普及，电动车内安装的蓄电池可用来进行充放电，利用储存的电能为家庭内的负载供电，或反输电至电网，为峰荷时提供电能，此外还可作为移动电源使用。

4. 在微电网、智能电网中的功能

在微电网、智能电网中设置电能储存系统，可使分布式发电、可再生能源发电实现大规模并网、提高现有发电设备的利用率、改善电能质量以及进行用户侧管理等。在微电网接入大电网的配电网运行时，微电网的输出功率的波动可能对配电网产生较大的影响，如果通过对微电网中的电能储存系统进行控制，则可将微电网的输出功率的波动控制在一定范围之内，从而减少微电网对配电网的影响。微电网孤岛运行模式时，电能储存系统可作为微电网的主电源提供电压和频率支持，发挥其快速响应的特点，实时平衡微电网中的功率波动，维持电压和频率稳定。

智能电网包括发电站、送电网、配电网以及用户负载等部分，可在上述有关部分根据需要设置电能储存系统，使用电能储存控制管理系统对多个电能储存系统进行综合最优控制、管理，实现太阳能光伏发电、风力发电等的出力稳定、系统稳定、电能有效利用以及系统经济运行等功能，即实现降低系统成本，热电的优化配置、可再生能源的多余电能的有效利用等。

18.3　电能储存系统的构成及原理

在分布式发电系统中，一般采用二次电池(如铅蓄电池、锂电池等)、超级电容、NAS电池、液流电池以及抽水蓄能等储能方式。这里主要介绍利用铅蓄电池、锂电池、超级电容、NAS 电池、液流电池等的储能方式以及抽水蓄能方式。

18.3.1　铅蓄电池储能

蓄电池储能是运用电化学原理，将电能转换为化学能，或通过逆反应将化学能转换为电能的一种储能方式。蓄电池通常由正、负电极和电解质等构成，它可分为铅蓄电池、锂电池、NAS 电池以及液流电池等种类。蓄电池储能价格便宜、技术成熟、可靠性高、方便快捷，已在发电中得到广泛应用。

1. 铅蓄电池的构成

图 18.4 所示为铅蓄电池的构成。该铅蓄电池主要由正极板、负极板、隔板、控制阀、正极以及负极等组成。铅蓄电池的负极使用铅材料（Pb），正极使用二氧化铅材料（PbO_2），电解质使用稀硫酸（H_2SO_4）。

2. 铅蓄电池的工作原理

铅蓄电池是一种利用电解质和电极材料进行化学反应的充、放电装置，放电时负极的金属被离子化，并放出电子，离子经过电解质迁移至正极，电子流经外部电路的负载；充电时在所加能量的作用下，与放电过程相反。铅蓄电池的电动势约为 2.0V。

铅蓄电池充电时的化学反应式如下。（放电时下式中的箭头反向）

$$\text{正极} \qquad\qquad PbO_2+4H^++SO_4^{2-}+2e^- \longleftarrow PbSO_4+2H_2O \qquad (18.1)$$

$$\text{负极} \qquad\qquad Pb+SO_4^{2-} \longleftarrow PbSO_4+2e^- \qquad (18.2)$$

铅蓄电池价格便宜、动作温度范围广、有较强的过充电特性，但充放电效率较低，为 75%~85%，在浅充电状态下，电极劣化会引起充电容量变小。

铅蓄电池在分布式发电系统、电动车等方面应用比较广泛。随着蓄电池的循环寿命、安全性和能量密度的提升，它在电能储存系统中的应用也越来越广泛。此外蓄电池还可用于电动车作为驱动动力，将来可在智能电网中在电动车和电网之间进行能量双向流动（V2G 技术），使电动车成为重要的分布式储能载体，可在解决分布式发电系统所产生的多余电能问题、电力系统调峰、调频等中发挥重要作用。

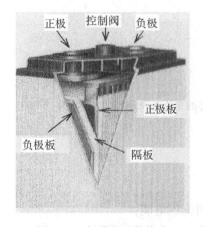

图 18.4　铅蓄电池的构成

图 18.5　超级电容

18.3.2　超级电容储能

超级电容的外形如图 18.5 所示。超级电容一般指双电层电容器和电化学电容器（EC）。超级电容功率密度高、响应速度快、放电深度深、没有"记忆效应"、长期使用无须维护、温度范围宽、储存能量大。超级电容作为储能装置，一般用在电压暂降等场合，不但可为分布式发电系统提供必要的能量缓冲，而且对提高电力系统的稳定性具有非常重要的作用。

1. 超级电容的构成

超级电容由正极、负极、电解质以及隔板等组成。超级电容以静电的形式储存电能，静电容量为 0.1~1000F，充放电损失较低，效率可达 95%以上。由于充放电过程中无化学反应，充放电次数可达 100 万次以上。

2. 超级电容的充放电原理

超级电容的充放电原理如图 18.6 所示。电极材料采用活性炭，电荷聚集在电极的表面，充电时负极吸附电解质中的正离子，正极吸附电解质中的负离子，在正负极间产生约 2.5V 的电压。放电时离子则脱离电极，与充电过程相反。超级电容利用离子的吸附、脱离反应原理进行充放电。由于超级电容电极的表面积比较大，电解质和电极界面之间的距离非常短，因此电荷呈现集中排列现象，超级电容则利用双电层(电气二重层)特性储存电能。由于超级电容充放电时电压会发生变化，需要配置电压控制电路。

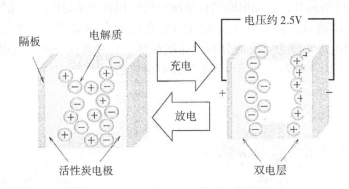

图 18.6　超级电容的充放电原理

3. 超级电容的特点

超级电容的主要特点有：
(1)充放电速度快、输出密度高、可以瞬时提供电能；
(2)充放电次数多，可进行数百万次充放电；
(3)充放电效率高，可达 95%以上；
(4)安全性能好，即使外部短路也不会发生故障；
(5)寿命长、污染小；
(6)充放电时电压会发生变化，需要配置电压控制电路；
(7)超过耐压时绝缘破坏会导致电容劣化、随频率上升容量会减少。

18.3.3 锂电池储能

1. 锂电池的构成

锂电池可分为锂金属电池和锂离子电池。根据电解质还可分为液态锂电池和全固体锂电池(又称全固态锂电池)。因此通常所说的锂电池一般指液态锂离子电池。图 18.7 所示为锂电池的结构，它由正极、负极、隔板以及电解液等构成。正极使用锂合金金属氧化物材料，负极使用炭材料，电极被安放在电解液中，电解液为有机电解液，它起帮助两电极进行离子交换的作用。锂电池是一种能量密度高、自放电小、对环境友好的电池。

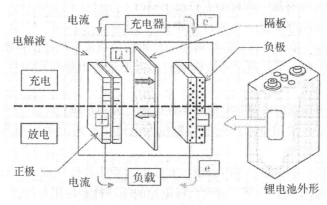

图 18.7　锂电池的结构

2. 锂电池的工作原理

在充电过程中，正电极发生氧化反应，向外部电路释放出电子和向内部电路释放出锂离子，电子经过外部电路和充电器被输送到负电极，与此同时，锂离子则经过内部电路中的电解质进入负电极，在负电极发生还原反应，同时吸收电子和锂离子，在负电极形成电池中性；在放电过程中，负电极发生氧化反应，同时释放出电子和锂离子，电子和锂离子分别经过外、内部电路回到正电极形成电池中性。锂电池在充、放电过程中以离子的形式进行，所以不会产生锂金属。

锂电池充电时的化学反应式如下。(放电时下式中的箭头反向)

正极 $\qquad$ $Li_{1-x}CoO_2 + x\ Li^+ + xe^- \longleftarrow LiCoO_2$ $\qquad$ (18.3)

负极 $\qquad$ $Li_xC_6 \longleftarrow xLi^+ + xe^- + 6C$ $\qquad$ (18.4)

锂电池的优点是可在常温下动作，充放电效率较高，可达 94% ~ 96%，充放电速度快、能量密度高、容量大、自放电小、放电电压曲线较平坦、寿命长、可获得长时间稳定的电能。其缺点是过充、放电特性较弱、需要配备控制保护电路、不适合于大电流放电、成本较高，由于使用了有机电解液，所以对安全性要求较高。在分布式发电系统中锂电池可作为储能装置使用。

3. 全固体锂电池

液态锂电池采用有机液体电解液，过度充电、内部短路等异常时，电池容易发热，存在自燃、爆炸等安全隐患。而全固体锂电池采用固体电解质，不含易燃、易挥发成分，可消除因漏液引发的电池冒烟、起火等安全隐患。

全固体锂电池是一种使用固体电极和固体电解质的电池。它采用固体传导物质，取代液态锂电池的电解液。全固体锂电池的发电原理与液态锂电池的发电原理相同，二者的不同点在于电解质，固体电解质是全固体锂电池的核心部件，主要使用聚合物、氧化物或硫化物等材料。另外，在液态锂电池中，为了防止氧化物与石墨碳中的活性物质直接接触，在正、负极之间一般需要使用隔板，而在全固体锂电池中，由于锂离子通过的电解质为固体，活性物质不会直接接触，因此不需要使用隔板。

全固体锂电池有许多特点，主要特点如下。

(1)能量密度高。由于采用固体电解质和金属锂做负极，而使能量密提高；

(2)电池薄、体积小。使用固体电解质时不需要液态电解质和隔板，使电池小型化，薄膜化，可减轻重量；

(3)柔性化。可以制备成薄膜电池和柔性电池，应用范围更广；

(4)安全性能好。采用全固体电池可避免大电流工作时的隔膜短路破坏、冒烟、燃烧、爆炸等问题；

(5)循环寿命长。不存在液态电解质在充放电过程中持续形成和生长固体电解质界面膜的问题和锂枝晶刺穿隔膜问题，有大大提电池的循环性和使用寿命；

(6)工作温度范围宽。如采用无机固体电解质，工作温度有望提高到300℃甚至更高。

18.3.4　NAS 电池储能

NAS 电池使用正活性物质硫(S)和负活性物质钠(Na)，电解质使用固体电解质。NAS电池可用于电能储存、夜间蓄电和昼间放电，可缩小昼夜间电力需求峰谷差、平滑分布式发电系统输出功率波动、作为应急电源使用等。

1. NAS 电池的构成

图 18.8 所示为圆形 NAS 单电池的构成，该单电池主要由正极、负极、电解质以及外壳等构成。电池的中心为钠极(即负极)，外侧为 β 氧化铝管(即固体电解质)，最外侧为硫极(即正极)。在 β 氧化铝管内有金属容器，用于防止单电池产生异常电流或当 β 氧化铝管破损时避免事故扩大。

由于 NAS 单电池的电压约为 2.1V，电压低、容量小，一般将多个 NAS 单电池进行串联并安装在隔热容器中构成组件，如图 18.9 所示。NAS 单电池使用填沙进行封装，以满足防灾、减少电池故障的要求。NAS 电池的工作温度较高，为 300~330℃，隔热容器内的温度在开始运转时使用电加热器加热，运转过程中利用电池的发热进行保温。在组件内装有保险丝以防止过电流造成组件破损。

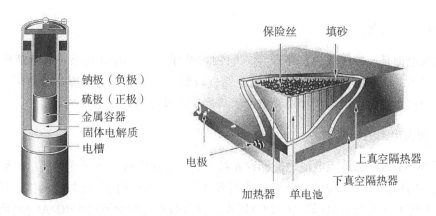

图 18.8　圆形 NAS 单电池的构成　　　　图 18.9　NAS 电池组件的构成

2. NAS 电池的工作原理

图 18.10 所示为 NAS 电池的充电原理。NAS 电池的正极为正活性物质硫(S)，负极为负活性物质钠(Na)，固体电解质采用 β 氧化铝陶瓷，该陶瓷在高温下具有只让钠离子通过的传导性质。钠离子具有传导性质，它可在正极和负极之间移动，起充放电的作用。

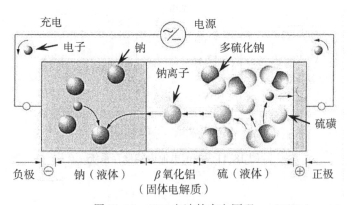

图 18.10　NAS 电池的充电原理

NAS 电池充电时的化学反应式如下。(放电时下式中的箭头反向)

正极	$2\,Na^+ + xS + 2e^- \longleftarrow Na_2S_x$	(18.5)
负极	$Na \longleftarrow Na^+ + e^-$	(18.6)

NAS 电池的储能密度较高，是铅蓄电池的约 3 倍。充放电效率高达 90% 以上，寿命长、无记忆效应，长期使用几乎不需维护。与同容量的铅蓄电池相比体积较小、可安装在空间较小的地方。该电池在安全性、耐久性、可靠性以及价格等方面已达到实用水平，已被广泛应用。

18.3.5　液流电池储能

液流电池是一种使氧化、还原反应的物质循环进行发电的电池。电解液使用钒水溶液，单电池的电动势为 1.4V 左右，能量密度较低。可在系统电压暂降时使用，也可作为应急电源使用，其应用涉及智能微电网、离网供电及分布式发电系统等。

1. 液流电池的构成

图 18.11 所示为液流电池电能储存系统。它主要由电极、离子交换膜、电解液罐以及直交流双向转换装置等构成。电解液罐用来储能，直交流双向转换装置的作用是进行电能转换，充电时进行交直流（即 AC/DC）转换，放电时进行直交流（即 DC/AC）转换。液流电池工作时，利用泵将电解液罐中的电解液进行循环，使电解液与电极接触并进行电子交换产生电能，然后通过直交流双向转换装置使外部的直流电压与电池电极的直流电压相匹配，使液流电池与外部进行电能交换。

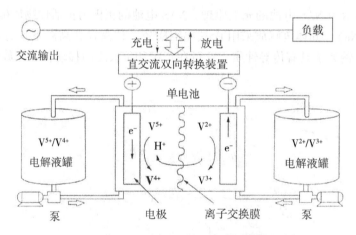

图 18.11　液流电池电能储存系统

2. 液流电池的发电原理

液流电池使用钒水溶液，电解液在电池内循环时离子价会发生变化，液流电池则利用这一性质实现充放电。

充电时的化学反应式如下。（放电时下式中的箭头反向）

正极	$V^{5+} + e^- \longleftarrow V^{4+}$	(18.7)
负极	$V^{2+} \longleftarrow V^{3+} + e^-$	(18.8)

3. 液流电池的特点

液流电池的主要特点是：

(1) 能量密度低；

(2)容量大；

(3)响应速度快；

(4)电解液罐与电池可独立安装；

(5)电解液罐可安装在空间较小的地方；

(6)驱动泵工作需要动力。

18.3.6 抽水蓄能

传统的抽水蓄能电站利用电力负荷低谷期的电能驱动水泵将水抽至上游水库，在电力负荷高峰期从上游水库放水至下游水库，利用水轮机组发电。抽水蓄能电站具有启动停止迅速、负荷跟踪性能好、运行可靠、寿命长等特点，不足之处是建设成本较高。它可将电力系统负荷低谷期的多余电能移至电力系统用电负荷高峰期使用，适合于调频、调相、稳定电力系统的频率和电压，还可作为备用电源使用，或用于分布式发电系统等。

抽水蓄能电站如图18.12所示，该电站主要由上游水库、下游水库以及抽水蓄能机组等构成。抽水蓄能机组主要由水泵水轮机、电机以及可变速励磁装置等组成。水泵水轮机可作为水泵或水轮机运行，同样电机可作为发电机或电动机运行。传统的抽水蓄能电站利用深夜的核能发电、火力发电的多余电能驱动电机，带动水泵将下游水库的水抽到上游水库储存，而当昼间峰荷出现时，水轮机利用上、下游水库的落差运转带动发电机发电，起调峰等作用，并可抑制火力发电等的出力。

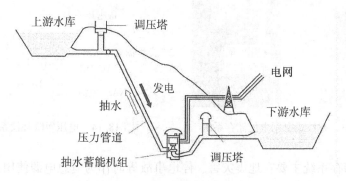

图18.12 抽水蓄能电站

为了解决分布式发电系统产生多余电能、电力系统的运行稳定性以及电能质量等问题，作者曾提出了在太阳能光伏发电系统中使用抽水蓄能电站的新方法，并研究了抽水蓄能电站的设置地点，最佳容量等。这一新方案不仅可解决多余电能问题，还可代替核能发电、火力发电所承担的基荷部分的电能，从而逐步削减核能发电或火力发电等。此外抽水蓄能电站用于分布式发电系统，可节省发电用能源，降低火力发电的有害排放，减轻对环境的污染。

在分布式发电系统中，抽水蓄能发电系统的工作原理与其传统的工作原理相反，即当分布式发电系统有多余电能时，则利用多余电能驱动电动机并带动水泵将下游水库的水抽到上游水库储存起来，而在供电高峰、深夜(作为基荷)时，水轮机则利用上游水库的水做功，带动发电机发电。

18.4　电能储存系统的应用

　　蓄电池作为储能装置在电能储存系统中的应用比较广泛，主要用于家庭、工商业以及大规模储能等方面。在分布式发电系统中，由蓄电池等储能装置构成的电能储存系统主要用于多余电能的有效利用、电压暂降、平滑出力变动、削峰填谷等方面。

18.4.1　家用电能储存系统

　　家用电能储存系统是指在屋内设置的蓄电池电能储存系统，它有屋外式、屋内式以及壁挂式等种类，可放在屋外、屋内，也可挂在幕墙上以节约空间。图 18.13 所示为壁挂式家用电能储存系统，它由蓄电池、蓄电池管理系统(含保护和控制电路)、直交转换装置、与电网或太阳能光伏发电系统并网的并网装置等组成。蓄电池可使用锂电池，也可使用超级电容等。

图 18.13　壁挂式家用电能储存系统

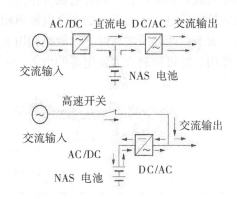

图 18.14　电压暂降补偿系统

　　家用电能储存系统主要在地震灾害、停电事故等时作为应急电源使用；可利用分布式发电系统的多余电能为其充电，减少多余电能对电力系统的影响，或将其接入电网，在电网峰荷时进行调峰；在智能电网中使用时，可对家用电能储存系统的工作状态、使用情况等进行远程监控，实现综合控制和管理。

18.4.2　NAS 电池电能储存系统在电压暂降中的应用

　　图 18.14 所示为电压暂降补偿系统。在该图上部所示的系统中，输入的交流电通过 AC/DC 转换成直流电，供 NAS 电池充电。可利用 DC/AC 转换装置将直流电转换成交流电供交流负载使用，因此在通常情况下交流输出来自交流输入；而在电网出现电压暂降时，则 NAS 电池放电，通过 DC/AC 转换装置将直流电转换成交流电，此时的交流输出由交流输入和 NAS 电池放电两部分组成，由于 NAS 电池放电的作用，可解决电压暂降的问题，如该图下部所示的系统，通常情况下交流输出来自交流输入，NAS 电池通过 AC/DC

转换装置充电，当电压暂降情况出现时，NAS电池通过DC/AC转换装置放电，使电压暂降得到恢复。

18.4.3　平滑不稳定电源的出力变动

太阳能光伏发电、风力发电等分布式发电系统的出力具有间歇式和不连续性的特点，随着分布式发电系统的大量应用和普及，有可能对电力供需平衡造成严重影响。使用蓄电池、抽水蓄能等电能储存系统对太阳能光伏发电、风力发电等分布式发电系统的出力变动部分进行补偿是解决电力供需平衡、电压、频率波动等问题的有效方法之一。

图18.15所示为太阳能光伏发电系统出力变动控制系统，其原理是监测太阳能光伏发电的出力变动部分(图中左侧的出力)，当出力变动时，给蓄电池发出逆向出力的指令使蓄电池充电或放电，对太阳能光伏发电系统的出力变动部分进行补偿(图中右侧的出力)，以达到减少出力变动、使输出稳定的目的。

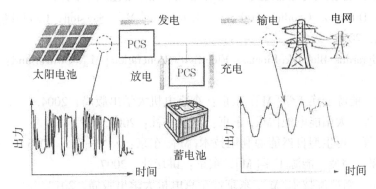

图18.15　太阳能光伏发电系统出力变动控制系统

参 考 文 献

［1］〔美〕G Boyle. Renewable Energy［M］. 2nd ed. London：Oxford University Press，2004.

［2］〔德〕R Wengenmayr. Renewable Energy—Sustainable Energy Concepts for the Future［M］. Weinheim：WILEY-VCH，2008.

［3］〔美〕Richard P. Walker, Andrew Swift. Wind Energy Essentials［M］. Weinheim：WILEY，2015.

［4］〔德〕Konrad Mertens. Photovoltaics［M］. Weinheim：WILEY，2014.

［5］〔美〕Ron DiPippo. Geothermal Power Generation［M］. Sawston, Cambridge：Woodhead Publishing，2016.

［6］〔瑞士〕Gerardus Blokdyk. Biomass Electricity Generation［M］. Switzerland：5STARCooks，2018.

［7］〔日〕柳父. 能源变换工学［M］. 东京：东京电机大学出版局，2004.

［8］〔日〕谷，等. 太阳能电池［M］. 东京：パフー社：2004.

［9］〔日〕谷，等. 再生型自然能源利用技术［M］. 东京：パフー社，2006.

［10］〔日〕西澤，稻葉. 能源工学［M］. 东京：讲坛社，2007.

［11］〔日〕西川. 新能源技术［M］. 东京：东京电机大学出版局，2013.

［12］〔日〕饭田，等. 自然能源发电［M］. 东京：日本实业出版社，2013.

［13］〔日〕野吕，等. 分布型能源发电［M］. 东京：コロナ社，2016.

［14］〔日〕八坂，等. 电气能量工学［M］. 东京：森北出版株式会社，2017.

［15］〔日〕荒川. 21 世纪的太阳光发电［M］. 东京：コロナ社，2017.

［16］车孝轩. 地域并网型太阳发电系统的构成方法［J］. 日本电气学会杂志，2000，120（2）.

［17］崔容强，等. 并网型太阳能光伏发电系统［M］. 北京：化学工业出版社，2007.

［18］车孝轩. 太阳能光伏系统概论［M］. 武汉：武汉大学出版社，2011.

［19］车孝轩. 太阳能光伏发电及智能系统［M］. 武汉：武汉大学出版社，2014.